Don Mann
Everything You Need to Know to Become a Member of the US Navy's Elite Force

# HOW TO BECOME A NAVY SEAL

ヴィジュアルで見る
## アメリカ海軍特殊部隊ネイビー・シールズ入隊マニュアル
資格からトレーニングまで

ドン・マン　村上和久 訳

原書房
Hara Shobo

【著者】**ドン・マン**(Don Mann)
　海軍退役二等上級兵曹長。SEAL チーム 6 所属。退役後は経験を生かした著述家としても活躍。

【訳者】**村上和久**(むらかみ・かずひさ)
　英米文学翻訳者。早稲田大学卒。主な訳書にベントレー『奪還のベイルート』、ワイナー『米露諜報秘録 1945-2020』、トール『太平洋の試練』三部作、シノン『ケネディ暗殺』、ファインスタイン『武器ビジネス』、キャヴァラーロ他『ザ・スナイパー』、ウェップ他『特殊戦狙撃手養成所』、ネヴィル『世界特殊部隊大全』など多数。そのほか著書に『イラストで見るアメリカ軍の軍装　第二次世界大戦編』がある。

目次

**0** まえがき 005

**1** このアメリカ人たちは何者か 013

**2** 自分が足を踏み入れようとしているものを知る 031

**3** どうやって SEAL 候補生になるか 047

**4** 訓練、教育、そして配置 063

**5** 旅のはじまり 105

あとがき 143

Appemdix1 **ASVAB の問題例** 145

Appemdix2 **栄養摂取と訓練ガイド** 150

# まえがき

## はじまり

「1944年6月6日、ノルマンディー進攻作戦における卓越した戦闘時の功績にたいして。極度に危険かつ冒険的な任務を断固遂行する熱意に燃えた『O』部隊の海軍戦闘処分チームは、破壊的な敵の火砲、機関銃、狙撃手の銃砲火のもと、第1波とともに〈オマハ海岸〉に上陸した。実質上すべての爆薬を失い、激しい人的損害で兵力が著しく減少しながらも、将兵は勇敢に任務を続行し、海岸へ押し流されながら爆薬を回収し、場合によってはブルドーザーを徴発して障害物を除去した。こうした深刻な障害にもかかわらず、処分班はまず、強襲部隊がノルマンディー海岸にたどりつくために、敵の障害物を5カ所で吹き飛ばすことに成功し、2日以内に〈オマハ海岸〉の85パーセント以上でドイツ軍が設置した障害物を排除した。重大な危機に直面しても勇猛で、熾烈な抵抗にたいしてつねに果敢な海軍戦闘処分チームは、きわめて重要な任務の遂行に大胆かつ献身的に貢献し、それによって合衆国海軍の高い伝統を維持した」

——『大統領部隊感状』ノルマンディー上陸作戦で
海軍に授与された3通のうちの1通。

1942年秋、ヴァージニア州リトル・クリークの水陸両用作戦訓練基地でケーブル切断やコマンドー強襲、そしてもちろん爆破の短期集中課程を受講した海軍兵たち——「処分員(デモリショニ

アー)」たち——の小分遣隊が、第二次世界大戦ではじめて任務を実施するためにフランス領北アフリカへ向けて船出した。英米合同の侵攻作戦である〈トーチ〉作戦の一部である。この作戦は、もし成功すれば、連合軍にヨーロッパのやわらかい下腹——シチリアとイタリア——と最終的にはドイツへの自由な接近を可能にすることになる。

　海洋コマンドー隊員たちは暗闇にまぎれてモロッコのワジ・セブー川の河口にたどりついた。カスバの要塞からは75ミリ砲の砲火が彼らに雨あられと降りそそぐ。彼らの任務は、港と、さらに枢軸国に友好的なヴィシー政府のフランス軍が占拠するポール・リョーテ飛行場への道をふさぐ、太いケーブルでささえられた防材と防潜網を取りのぞくことだった。

　作戦はきわめて危険だった——激しいスコールと敵の砲火、そして巨大な打ち寄せ波は、喫水が浅い艀のような上陸用舟艇ヒギンズ・ボートに乗る17名の任務を台無しにする恐れがあった。隊員たちは防潜網にたどりつき、ケーブルを爆薬で切断すると、下流へ

1944年6月6日のDデイに〈オマハ海岸〉に上陸する将兵。

走り、カスバからの砲火が彼らを追いかけた。ひとりも撃たれなかった。防潜網は押し流され、アメリカ海軍駆逐艦ダラスが川の防材を強行突破して、部隊を降ろし、部隊は飛行場を占領した。

　これらの隊員たちは、戦果をあげた最初の海軍処分チームのさきがけで、軍が障害物排除部隊をさらに創設するのを手伝うためにアメリカに戻った。1943年には、専門の戦闘処分部隊を編成する命令が出された。敵は──ドイツをはじめとする枢軸諸国は──まちがいなく、シチリアやフランスのノルマンディー海岸のような枢軸側の拠点で連合軍の上陸を遅らせるために、あらゆる種類の障害物を作りだすだろう。もし高い波が打ち寄せるなかで下船を強いられたら、連合軍将兵は武器を失い、さらに悪いことに、腰までの高さの水を漕いで進みながら溺れたり、撃たれたりすることもありうる。連合軍の水陸両用作戦部隊は、先遣処分チームの支援を必要としていた。これらの部隊はまずシチリア島の海岸に、そしてその1年後にはノルマンディーに派遣され、1944年6月の歴史的なDデイ上陸に先立って、厳重に要塞化された海岸に航路を開くことになる。

　軍の命令はさらに、恒久的な海軍処分部隊の創設と海軍兵の訓練をもとめていた。真珠湾で無傷の敵爆弾を発火不能にして、米軍当局がそれを調査できるようにした功績で海軍十字章を受章したドレイパー・L・カウフマン少佐が責任者をつとめる訓練計画がフロリダ州のフォート・ピアースに設立され、海軍戦闘処分部隊（NCDU）の特技兵を輩出した。彼らは敵海岸の地図を作成し、機雷を処分して、障害物を爆破し、もっともきびしい戦闘で連合軍の強襲に道を開いたのである。

　太平洋戦域では、島や環礁に上陸する海兵隊は、ヨーロッパ戦域とはちがう種類の支援を必要とした。

　1943年11月、ギルバート諸島のタラワ環礁で、アメリカ海兵隊はこの一片の陸地を確保する流血の死闘で、陣地を強化して準備万端で待ちかまえる4500名の日本軍将兵と遭遇した。この戦闘では、6400名のアメリカ人と朝鮮半島出身者、日本人が戦死した。アメリカ軍は環礁を掌握したが、日本軍はそれ以前の上陸作戦では

1943年11月、ギルバート諸島のタラワ環礁で、ベニト島の日本軍要塞を猛攻する海兵隊爆破チーム。

見られなかった抵抗を見せて、最後の一兵まで戦い抜いた。太平洋の重要な島々を支配する奮闘において、海兵隊が水中の偵察と、障害物の処分、とくに沿岸水域に密集する珊瑚礁の爆破を必要とすることは明白だった。さらに日本軍の機雷の可能性もあった。

最初の水中処分チーム（UDT）1と2は、海軍建設大隊（シービーズ）や海兵隊、陸軍工兵などを出身とする士官30名と下士官兵150名で創設され、フォート・ピアースで訓練を受けたのち、ハワイのオアフ島のワイマナロ水陸両用戦訓練基地に移動させられ、のちにマウイ島の海軍戦闘処分訓練実験基地に移った。太平洋の作戦のため、彼らは海岸線を図示して爆破する方法を知る必要があった。さらに、長い距離を泳げる必要もあった。初期の夜間偵察は失敗に終わっていたので、UDTは昼間に任務を遂行する必要があり、それには装備ではなく水泳の達者な者が必要だった。

これらの勇敢な者たちは、しばしば水着と足ヒレ、水中メガネしか身に着けずに、太平洋のあらゆる主要な上陸作戦──なかでもエニウェトク、サイパン、グアム、レイテ、硫黄島、沖縄、ブルネイ

まえがき

湾——に参加したのである。

「アメリカ海軍の潜水工作員（フロッグマン）の物語は、冒険の物語である。敵に立ち向かい……そして海に立ち向かう勇敢な男たちの。彼らが第二次世界大戦中に太平洋で、そしてのちに朝鮮半島水域でやった仕事は……水中処分チームの海軍兵を体力の巨人として、精神的肉体的勇気のささえとして印象づけた。平均的な潜水工作員は巨人ではない。では UDT 隊員を作るものはなにか？ ご注目あれ。これからお見せしよう」

アメリカ海軍の 1957 年のドキュメンタリー映画〈海軍潜水工作員〉のこのナレーションはいまとなっては古臭く聞こえるが、このメッセージは今日でもそれほど的外れではない。今日の海軍特殊戦作業員（オペレーター）、別名 SEAL 隊員——彼らが活動する

1962 年 11 月、サイゴン南方の川での作戦中、SEAL チーム強襲艇（STAB）でバサック川を下るアメリカ海軍 SEAL チーム 1 の隊員たち。
Credit: J.D. Randal, JO1, Department of Defense, Department of the Navy, Naval Photographic Center.

009

「緑の顔をした男たち」：海軍SEAL隊Xレイ小隊。1970年、南ヴェトナムのベン・チェ近くの波止場で撮影。

環境を表わすSEa（海）とAir（空）とLand（陸）の頭文字から――は、屈指の困難かつ危険な任務を担当する男たちであり、その起源を第二次世界大戦中の草創期の非正規戦部隊に持っている。

UDTは1950年から朝鮮戦争の全期間を通じて、目覚ましい働きをして、海岸の偵察や水路の表示、機雷掃海、爆破を遂行し、敵戦線の後方に潜入して、仁川（インチョン）や泰川（テチョン）、元山（ウォンサン）、興南（フンナム）などの重要な港や沿岸都市で鉄道やトンネルを破壊した。その10年後、UDTチームはヴェトナム戦争中にメコン川を奥深くラオスまでさかのぼって、小型の舟艇をとどけることになる。

1961年春には、東南アジアの紛争が以前のどの正規戦ともちがうことを理解したジョン・F・ケネディ大統領が、陸軍の特殊部隊、別名グリーンベレーと同様の海軍特殊部隊が必要であると決定した。陸軍特殊部隊のルーツは第二次世界大戦の戦略事務局（OSS）にあり、高度なゲリラ戦の訓練を受けていた。5月25日の議会演説で、ケネディは人間を月に送る計画と、「同盟国と協力して、既存の部隊の方向性を、非核戦争、準軍事作戦、そして副次限定戦争あるいは非正規戦の遂行へと迅速かつ大幅に拡大する」計画の概

略を説明した。
　新たな方向をあたえられた部隊は、海と空と陸で活動することになる。多くの者はすでに朝鮮で実戦を経験した UDT から来ることになった。東西の海岸を基地とする 2 個の SEAL チーム、カリフォルニア州コロナードのチーム 1 とヴァージニア州リトル・クリークのチーム 2 は、戦闘技能の一覧表に高高度パラシュート降下、徒手格闘、新たに設計された突撃銃の運用、金庫破り、爆破、小隊戦術、そして外国語をつけくわえた。1962 年、南ヴェトナム軍の UDT ──〈リエン・ドク・ングオイ・ニア〉、おおまかに訳すと「海中で戦う兵士たち」──を訓練するためにヴェトナムに派遣されると、SEAL 隊は 1963 年前半には北ヴェトナム軍の要員とヴェトコンのシンパたちにたいする中央情報局（CIA）指導の隠密作戦に従事していた。もはや兵士が違法な目標を火砲で射撃するような戦いではなく、アメリカ兵たちはゲリラ式に敵の手のとどく範囲内で戦った。敵が東南アジアの鬱蒼としてからみ合った風景に隠れているのと同じように、SEAL 隊員たちも迷彩ペイントを塗って、ジャングルに溶けこんだ。ヴェトコンはやがて SEAL 隊員たちを「緑の顔をした男たち」と呼ぶようになった。

# 1

# このアメリカ人たちは何者か

　2011年10月、ふたりの難民救済ワーカー、アメリカ人のジェシカ・ブキャナンとポール・ハーゲン・システッドが、ソマリアの海賊に銃を突きつけられて誘拐された。警備アドバイザーが裏切って、ふたりの誘拐を手配したのである。ふたりは3カ月間、人質にされ、そのあいだ海賊たちは身代金を要求した。生かしておくだけの食事しかあたえられず、吹きさらしの砂漠でマットに寝ることを強要されたブキャナンは、甲状腺疾患をわずらっていて、深刻な腎臓の病気を引き起こしていた。施設に閉じこめられた人質たちは、身代金が支払われるかどうかはおろか、自分たちが誘拐されたことをだれかが知ってさえいるかどうかも知るすべがなかった。

　ブキャナンが茂みのなかのトイレに行くため起き上がったとき、彼女の周囲の海賊たちはぐっすり眠りこんでいた。彼女がまた横になるやいなや銃声が聞こえ、ジェシカ、と彼女の名前を呼ぶ声が──アメリカ人の声が──それにつづき、彼女を眠りから引きずりだした。声は彼女が知っていることと一致しなかった。自分はソマリアで施設にいる。自分は3カ月間、ソマリア海賊の人質になっている。おまけにひどく具合が悪い。

　彼女は毛布をもっとしっかりと体に引き寄せたが、声は執拗で、自分たちはアメリカ軍で、あなたは安全だ、自分たちはあなたを国

013

に連れ帰りにきたと告げた。

　ぐずぐずしてはいられないので、軍人のひとりが彼女を抱え上げて走りだした。あたりは真っ暗だ。やがて兵士は立ち止まると、彼女を下ろした。彼らは彼女に食料と水、薬をあたえ、ヘリコプターが来るまで彼女の安全を確保するために周囲に円陣を作った。ある時点で、男たちのひとりが、彼女の母のものである隠した指輪を取りに駆け戻った──彼女があとにしたばかりの騒ぎのなかに。

　ジェシカは1機のヘリコプターで飛び立ち、SEALチーム6の隊員たちはもう1機で飛び去った。彼女は彼らの顔を見ていなかったし、彼らの名前も知らなかったが、彼女を知らないこれらの男たちにとって、この若い女性はその時点でもっとも貴重なものであり、彼女の命は彼ら自身の命より重要だった。

アフガニスタンのカンダハル州のパンジワイ郡で、掃討作戦後、南部特殊作戦任務部隊のアメリカ海軍 SEAL 隊員たちが、ほこりと岩から身を守るなかで、1機の MH-47 チヌークが離陸する。
Credit: U.S. Army photo by Sgt. Daniel P. Shook/Released.

1　このアメリカ人たちは 何者か

2011年5月2日、SEALチーム6がパキスタンのアボタバードの私的な住居施設内でウサマ・ビン・ラーディンを射殺したとき、このニュースは世界を驚嘆させ、何百万という人々が9・11同時多発テロ事件の〈ワールド・トレード・センター〉攻撃の首謀者である男が死んだとオバマ大統領が発表するのを見守った。しかし、ジェシカ・ブキャナンのニュースを追っていた人間の数は、ほぼまちがいなくもっと少なかっただろう。

2012年1月、SEALチーム6の数十名の隊員が、32歳のブキャナンと、60歳のシステッドが捕らわれている場所から2マイル（約3.2キロ）の地点に空軍特殊作戦用機からパラシュート降下した。ふたりは戦火で引き裂かれたソマリアの地域で地雷を除去するのを

アラビア海の阻止作戦演習中、アメリカ海軍SEAL隊員が、第11ヘリコプター対潜飛行隊「ドラゴン・スレイヤーズ」に配属されたHH-60Hシーホーク・ヘリコプターから輸送揚陸艦USSシュリーヴポートの艦橋張り出しにファストロープで降下する。この演習はテロ容疑者を乗せた船に乗りこむことを想定している。

015

　手伝うデンマークの難民救済組織で働いていた。コマンド一隊員たちは暗闇のなかで施設へと進み、眠っていた誘拐犯たちを奇襲した。ブキャナンにとってこれは、これほど多くの軍の人的資源が一介の援助活動家を救出するために投入されるという奇跡だった。しかし、SEAL 隊員にとって、彼女を救出する任務は、どんなものにもおとらず重要であり、「特殊作戦」——しばしば会話で「スペシャル・オプス」あるいは SPECOPS と呼ばれているもの——の指定に入る数多くの任務のひとつにすぎなかった。
　アメリカ軍は特殊作戦を、「敵対的あるいは立ち入り禁止あるいは政治的に慎重なあつかいが必要な地域で、非正規の軍事手段によって軍事的、政治的、経済的あるいは心理的目的を達成するために、特別に組織され、高度の訓練を受け、装備をあたえられた軍および準軍事部隊によって遂行される行動」と説明している。特殊作戦部隊（SOF）の一部である海軍の SEAL 隊員のような兵士たちは、正規軍のそれをはるかに越えた任務を遂行するための専門的な技能を有し、訓練を受けている。

1　このアメリカ人たちは 何者か

ハワイ海兵隊基地上空のパラシュート自由降下訓練中、空軍のC-17輸送機の後部貨物ドアから跳びだすアメリカ空軍降下救助員と海軍SEAL隊員。
Credit: U.S. Marine Corps photo by Lance Cpl. Reece E. Lodder.

リトル・クリーク＝フォート・ストーリー統合遠征基地で能力演習中、捕虜護衛の模擬訓練で警備にあたるため、海軍特殊戦ハンヴィーに乗るアメリカ海軍SEAL隊員たち。
Credit: U.S. Navy photo by Petty Officer 3rd Class James Ginther.

　特殊作戦員にとって危険はより大きい——彼らはしばしば秘密裏に、非公然で、味方の支援から独立して活動する。彼らの任務の秘密性ゆえに、彼らはしばしば独自で行動し、もし万一、敵戦線の後方で身動きが取れなくなったり、友好国あるいは同盟国でやっかいな状況におちいった場合には、おたがいと自分たちの専門訓練以外にたよれるものはなにもない。特殊作戦員は詳細かつ高度な情報を理解し、解釈する技能に長けていなければならない——通信の小さなミスひとつでも大惨事を意味しかねないのだ。彼らが任務を遂行

017

するさいには、掩護してくれる地上支援や航空支援がないこともよくある。

　実際、特殊作戦員は多くの場合、先兵であり、海兵隊の上陸などのために偵察などの任務を遂行する。彼らはしばしば最初に障害物や狙撃手、敵砲火、仕掛け爆弾などの、ときにはまったく思いも寄らない危険な障害に遭遇する。

　1992年、ソマリアにおける〈希望回復〉作戦中に、SEALチーム1は、海岸の構成や水深、水際の傾斜を測定するためにモガディシオの海岸まで泳いだ。彼らが知らなかったのは、水が排泄物でいっぱいだったことだ。チームは任務を完遂したが、隊員の一部は病気になった。特殊作戦チームは柔軟でなければならない。臨機応変に対応でき、予期せぬ事態に対処できるか、あるいは即座に計画を変更できなければならない。特殊作戦部隊は現地の「アセット」──特殊作戦員に協力する外国の現地民あるいは市民──の気まぐ

# 1 このアメリカ人たちは 何者か

昼間訓練作戦中のSEAL戦闘潜水員。こうした作戦は通常、暗いうちに遂行される。
Credit: U.S. Navy photo by Senior Chief Mass Communication Specialist Andrew McKaskle.

ネヴァダ州ファロン海軍航空基地で〈デザート・レスキューXI〉中、非戦闘員避難演習の一環として、アメリカ大使館を警備する海軍SEALチーム隊員たち。演習は、敵戦線の後方で墜落した航空機搭乗員の救出を想定し、他機の搭乗員が戦闘捜索救難関連の任務を遂行するだけでなく、迫真のシナリオで新しいテクニックをためすことを可能にする。〈デザート・レスキューXI〉は海軍攻撃航空戦センターが主催する統合軍訓練演習である。
Credit: U.S. Navy photo by Mass Communication Specialist 2nd Class William S. Parker.

れに左右される可能性があるので、文化的習慣や信仰、外国語を知っておく必要がある。以下は特殊作戦員になるのに要求される技量と訓練のごく一部である。

「これらの提言は、われわれが、先例のない不確実性と変化の時代に、この国の安全を守りつづけられるように、われわれの国防活動を順応させ、作り直すことになります。……われわれは、新たな将来像を決めるであろう戦略上の課題と状況に集中すべく、再構築しつつあります。新たなテクノロジー、新たな力の中心、そして、より不安定で、より予測不能で、一部ではよりアメリカに脅威となりつつある世界に集中するために。……そのためには一連の困難な選択が必要でした。われわれは、即応能力と技術的優勢を維持し、特殊作戦部隊〔海軍の SEAL 隊をふくむ〕やサイバー資源のようなきわめて重要な能力を守るために、全軍の──現役および予備役の──兵力と編制のさらなる削減を選択しました。……われわれの提言は、将来もっとも起こりそうな任務に比類なく適した能力、とくに対テロ活動や危機対応に使用される特殊作戦部隊を守ろうとす

2002 年 1 月、アフガニスタン東部のザワール・キリ地域で発見された大規模な弾薬の隠し場所。70 カ所以上の洞窟が SEAL 隊員と海軍爆発物処理（EOD）員によって調べられたのち、爆薬あるいは航空攻撃によって破壊された。

るものです。その結果、われわれの特殊作戦部隊は現在の約6万6000名から6万9700名に増加します」
　——ヘーゲル長官。2015会計年度の国防総省予算プレビューについて。2014年2月24日、国防総省記者会見室

　これまでのページでSEAL隊の任務について書かれたことは、よく知られた作戦の数例にすぎない。メディアで耳にするかもしれないひとつの任務につき、完全に秘密裏に遂行された任務がおそらく20は——数百は——ある。その大半は、対テロ活動、直接行動、非正規戦、外国国内防衛、あるいは特殊偵察のカテゴリーに入る。SEAL隊はいまや89カ国で活動している。
　2011年4月18日付けの『統合参謀本部出版物3-05　特殊作戦』によれば、「非正規戦（UW）」とは、「立ち入り禁止地域の地下勢力、補助勢力、そしてゲリラ勢力を通じて、あるいはそれと協力して活動することによって、抵抗運動あるいは内乱が、政府もしくは占領軍を支配し、混乱させ、あるいは打倒するのを可能にするために実施される活動」と定義される。
　作戦は多くの場合、長期にわたり、破壊工作やゲリラ戦、情報収集活動、体制転覆、非正規支援回収がふくまれることもありうる。非正規戦は第二次世界大戦における敵戦線後方のゲリラ活動にルーツを持ち、2001年のアフガニスタンにおける〈不朽の自由〉作戦や2003年の〈イラクの自由〉作戦のような軍事作戦で正規戦とともにもちいられた。
　外国国内防衛（FID）とは、「体制転覆や無法状態、内乱、テロ活動といった治安にたいする脅威を社会から取りのぞき、脅威から社会を守るために、一国の政府の文民および軍機関が、他国の政府あるいはそのほかの指定される組織によって実行されるあらゆる行動計画に関与すること」である。外国国内防衛は、上記の脅威から受入国を守り、脅威を受入国から取りのぞくために、その国の正規軍を隠密かつ直接的に支援する。イラクとアフガニスタンで、SEAL隊はこの立場で、治安および軍事作戦を遂行するために民間人を訓練した。

フィリピン軍の海軍特殊作戦群の隊員が、フィリピンのカヴィテ海軍基地で戦闘衛生員特定分野専門家交換訓練中、戦場演習に参加している。

　対テロ活動（CT）は、「テロ組織網にたいして直接的に取られる行動と、全世界的および地域的環境に影響をあたえ、テロ組織網にとって住みづらい環境にするために間接的に取られる行動」である。政治的状況や脅威のために通常部隊が活動できない環境では、特殊作戦部隊が投入されるかもしれない。

　直接行動（DA）は、「敵対的あるいは立ち入り禁止あるいは政治的に慎重なあつかいが必要な環境で特殊作戦として遂行される、攻撃などの小規模な攻勢作戦で、指定された目標を占領し、破壊し、捕らえ、利用し、奪還し、損害をあたえる専門の軍事能力がもちいられる」。特殊部隊は強襲や待ち伏せ攻撃、破壊工作任務を遂行するかもしれないし、近接戦闘や船舶の立ち入り、奪取に従事し

1　このアメリカ人たちは 何者か

捜索殲滅任務中、ザワール・キリ地域の多くの洞窟のひとつで、大規模な弾薬の隠し場所を発見したアメリカ海軍SEAL隊員たち。アル・カーイダとタリバン軍が使っていた洞窟とその上の地上複合施設は、その後、SEAL隊が要請した航空攻撃で破壊された。

なければならないかもしれない。彼を人質にしたソマリア海賊から〈マースク・アラバマ〉号のリチャード・フィリップス船長の命を救った作戦は直接行動の好例だ。フィリップスを捕らえていた4名の海賊のうち3名は海軍SEAL狙撃手によって射殺された。

　特殊偵察（SR）は、「戦略上あるいは作戦上重要な情報を収集あるいは確認するために、通常部隊では一般的に得られない軍事能力をもちいて、敵対的あるいは立ち入り禁止あるいは政治的に慎重なあつかいが必要な環境で特殊作戦として遂行される偵察および監視行動」である。

### きみはじゅうぶんタフか？

　きみが基礎水中処分/SEAL（BUD/S）候補生になって、困難で妥協のない選抜訓練プロセスをやり抜くためには、肉体的にすばらしい状態である必要がある。しかし、それだけではない。肉体的なタフさは必要不可欠だが、心理的回復力と正しい心的傾向がなければ——きみはやりとおせないだろう。

023

BUD/S については第 3 章でくわしく説明するが、この訓練は訓練生を、「自分で思っている」通常の肉体的限界をはるかに超えて酷使し、本当に SEAL チームで勤務する資格がある者たちを判別するように考えられている。心理的なタフさを持つ者たちだけがまちがいなく選ばれるように、BUD/S は心のテストでもある。実際には、SEAL 教官たちはたしかに訓練生全員を肉体面で分類しているが、彼らが心理的に参らせることのできない者たちがほとんどの場合、成功をおさめて、苦難の訓練コースを修了する。BUD/S は世界一タフな軍事訓練と見なされ、世界一優秀な戦士たちを輩出している。

　訓練生たちはたえずストレス要因の集中砲火を浴びせられる。その困難さはどんどん増して、彼らの大半を脱落させる。訓練生の大半は SEAL 隊員に適さず、海軍でほかの職域に就く。BUD/S 訓練は大半の訓練生が想像していたよりずっと激しいものだ。

　SEAL チームの全隊員は、その行動や能力に完璧な信頼と自信をもってたがいに依存しあっている。どの SEAL 隊員もほかの共同体ではめったに見られないチームへの忠誠心を持っている。このチームへの忠誠心は、チームがもっとも危険かつ困難な任務を遂行するために必要なものだ。SEAL チームに弱いつながりはひとつもない――彼らの命と、ほかの者たちの命がそれにかかっている。

　だからこそ心理的な回復力がひじょうに重要で、BUD/S 訓練でこれほど徹底的にためされるのである。しかし、心理的回復力とは正確にどういうものか？

船舶強襲訓練シナリオで縄梯子を登るアメリカ海軍 SEAL 隊員。海軍 SEAL 隊は、その技量を向上させ、さらに専門化するために、持続的な訓練サイクルに参加している。
Credit: U.S. Navy photo by Mass Communication Specialist 2nd Class William S. Parker.

1 このアメリカ人たちは 何者か

ジャジ山地で、重要な場所からの情報資料収集任務を遂行中、現地のアフガニスタン人と話をするアメリカ海軍SEAL隊員たち。
Credit: U.S. Navy photo by Photographer's Mate 1st Class Tim Turner.

> 「心理的なタフさは、いろいろあって、説明はややむずかしい。その本質は犠牲と無私である。さらに、もっとも重要なのは、それが、へこたれることをこばむ、完璧に規律の取れた意志と組み合わさることだ。それは心のありようだ──それを「行動する人格」と呼んでもいい」
>
> ──ヴィンス・ロンバルディ

　2009年に、カナダ雁がエンジンに飛びこんで旅客機を故障させたあと、ニューヨーク市のハドソン川にUSエアウェイズ1549便をみごとに不時着水させたチェスリー・サレンバーガー機長のことを考えてみよう。155名の乗員乗客全員がその旅客機から脱出した。元空軍戦闘機パイロットのサレンバーガーは、40年の操縦歴と2万時間の飛行経験を有していた。教官であり、航空事故調査官であり、航空会社の安全問題の専門家として評判を得ていた。
　2009年1月、彼はその専門知識を発揮して、パイロットにできるもっとも困難な操縦術のひとつをやってのけた──不時着水は理由もなく「ディッチング（「溝に落ちる」の意）」と呼ばれているわけではない。彼はきわめてストレスのかかる状況でも冷静さをたもち、その過程で自分の乗員が非の打ちどころのない働きをするのを手伝った。重圧下の冷静さは心理的タフさの特徴のひとつであ

025

BUD/S訓練生たちが、カリフォルニア州コロナードにある海軍水陸両用戦基地の海軍特殊戦センターの丸太体力訓練中に、〈オールド・ミザリー〉というあだ名がついた大きな丸太を持ち上げている。

る。

　2012年10月、パキスタンの15歳の女子生徒マララ・ユスフザイは、タリバンの暗殺未遂事件で頭と首を撃たれた。彼女はタリバンを声高に非難し、女性の権利と教育をもとめる世界的な活動家になっていた。この事件は彼女を思いとどまらせなかった。その反対に、この事件で彼女は戦う決意をいっそう固めたのである。しかし、マララがもっとも印象的だったのは、病院のベッドで浮かべた笑みだった。

　恐ろしい襲撃のあと（ほかに2名の少女も負傷している）、ノーベル平和賞に推薦されたマララは、依然として前向きで集中している。彼女はタリバンが彼女を殺害するつもりだとくりかえし表明していたにもかかわらず、イギリスのバーミンガムの学校に通い、2013年7月には国連で演説した。

「親愛なる兄弟姉妹の皆さん、ひとつ覚えていてほしいことがあります。マララ・デーはわたしの日ではありません。きょうは権利を求めて声を上げたすべての女性、すべての少年少女の日です。何百人もの人権活動家やソーシャルワーカーが、その権利を言葉で主

1　このアメリカ人たちは 何者か

アフガニスタン東部でアル・カーイダとタリバン軍の所在が疑われる場所へ前進しながら、チームメイトたちを掩護するアメリカ海軍 SEAL 隊のメンバー。

張するだけでなく、平和、教育、平等という目標を達成するために日々闘っています。テロリストによって命を奪われた人々は数千人、負傷した人々は数百万人に上ります。わたしはその 1 人にすぎません。ですからわたしは、多くの少女たちの 1 人としてここに立っています」（国連広報センター訳）

　前向きで集中しつづける能力もまた、人を心理的にタフにするものの一部である。彼らはたとえどんな挫折があろうと、困難な状況があろうと、気を散らされない。彼らは目標からけっして目をそらさない。
　サレンバーガー機長とマララ・ユスフザイと、このふたりの物語

027

はよく知られている。ふたりは多くの者たちの英雄だ。しかし、もっとも心理的にタフな人々の一部は、難病や壊滅的な危機を耐え忍ぶ比類ない力をそなえた普通の人々である——たとえ勝ち目がなくても、困難でしばしば体力を消耗するあらゆる化学療法にたよる癌患者。勇敢に末期疾患を直視する人。新生児の命を救うためにもっとも繊細な顕微鏡手術をやらなければならない小児外科医。瓦礫に2週間以上、埋もれて生きのびた地震の犠牲者。これらの人々が持っているものの一部は、SEAL隊員になるのに必要な心理的タフさとはなにかを明示している。

　彼らが持っているもうひとつのものは、恐怖をコントロールする能力だ。SEAL隊員として、きみは危険な環境に置かれ、しばしばハイテク装備や武器を使って、困難な気象あるいは天候のなか、各種の任務を遂行しなければならないだろう。そのすべては任務を完遂するためだ。しかも、多くの場合、撃たれながら。きみは訓練を通じて、自分が感じるであろう恐怖を予期する方法を学ばねばならない——そして、サイボーグでないかぎり、きみはまちがいなく恐怖を感じるだろう。BUD/Sプログラムは候補生が恐怖を予期して、コントロールし、制圧するよう仕向けるのである。

「さて、海軍はわたしにいった。彼らはもしきみが入隊したら、われわれはきみに毎月1332.60ドルはらうといった。さらに、もしきみが入隊したら、最初の数カ月間、毎日ゼロ分のプライバシーがあたえられると保証した。さらに、もしきみが入隊したら、署名欄に自分の名前を記入した瞬間から、きみは8年間勤務する義務を負うことになるといった。その見返りに、われわれは基礎水中処分/SEAL（BUD/S）学校で一回きりのチャンスをきみにあたえよう。もしきみがやり抜けば、SEAL士官と指揮官になる道を進むことになる。候補者の80パーセント以上がそうなるように、もしきみが失敗したら、それでもきみは8年間の義務を負っていて、われわれはきみがどこでどのように勤務するかを指示することになる。

　さて、これはなんとなく、それほど魅力的な提案とはいえなかっ

# 1 このアメリカ人たちは 何者か

究極の精神的タフさ。2010年、日本の横須賀で、艦名の由来であるロバート・D・ステザムの最先任上級上等兵曹への名誉昇進を祝う式典中、彼の兄のケネス・J・ステザム退役一等掌帆兵曹（BMC）（SEAL）が、ミサイル駆逐艦USSステザムに配属されたダン・メイフィールド一等情報兵曹（ISC）とジェフ・クールマン一等暗号兵曹（CTTC）から、ブロンズ製の最先任上級上等兵曹の帽子（カバー）を受け取る。ロバート・D・ステザム三等鉄骨工事兵曹（SW2）は、TWA847便のハイジャック事件で25年前に殺された。彼は軍人であるという理由でレバノン人のハイジャック犯たちに選びだされ、打擲され、テロリスト側の要求が受け入れられなかったあとで殺された。ステザム兵曹は自分の試練のあいだ、一歩も引かなかった。かわりに彼は不屈の精神と勇気をもって行動し、仲間の乗客が彼を手本に耐え忍ぶのを助けたのである（訳註：ステザム兵曹は潜水員〔DV〕の資格を持ち、水中建設チーム1に所属していた。事件時は、ギリシャの米海軍通信局への派遣勤務から帰国する途上だった）。

Credit: U.S. Navy photo by Mass Communication Specialist 1st Class Geronimo Aquino.

た。しかし、自分の人生のあの問題について考えたとき、わたしはオックスフォードでの大学生活が多くの自由をあたえてくれるのに気づいた。コンサルティング会社は多くの金をあたえてくれるだろうし、海軍はごくわずか〔の金〕しかくれないだろうが、わたしをそれ以上〔のなにか〕にしてくれるだろう。さらに、彼らはわたしに他人の役に立ち、先頭に立って、自分自身をためす機会をあたえてくれた。だから、わたしは人が人生でこうした決断に直面するたびに、どっちの決断が、自分の旅のどっちの道が、自分をそれ以上のなにかにしてくれるだろうかと自問自答したら、人は自分が行なった選択にかならず満足するだろうと思う」

——エリック・グライテンズ、
海軍SEAL隊員でベストセラー作家

　海軍SEAL隊員のエリック・グライテンズは、BUD/Sをやり抜く保証もなく、オックスフォード大学での学究生活と高給取りのコンサルティングの仕事を見送って、海軍SEAL隊員になった。しかし、あきらかに彼にとって見返りは大きかった。
　きみが自問自答すべき疑問は、なぜ軍のほかの部門にくわわるのではなく、海軍SEAL隊員になりたいのか、いやそもそも軍隊に入りたいのかということだ。これは考えるべきことだ——この試みは、思い付きではじまるべきでも、軽く受け止めるべきでも、仲間がやろうとしているからでもなく、心と頭と魂のなかで、自分には必要な能力があることを知っていて、さらに重要なのは、これが自分にとって正しいことで、自分はそれに適していると知っているからでなければならないのだ！
　つぎの章〈自分が足を踏み入れようとしているものを知る〉では、SEAL隊員になるのに必要なさまざまな義務の概要を説明する——しかも、それはたくさんある。

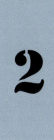

# 自分が足を踏み入れよう としているものを知る

　きみはすでに海軍SEAL隊の歴史の一片に目を通して、自分がその一員になるのに必要な能力を持っているかもしれないという結論にいたっているので、そろそろつぎのステップに進んで、詳細に入ろう——BUD/Sに進む機会を得るためだけに必要な資格と、チームにたどりついた数少ない者たちの資格を。しかし、きみが知っておく必要があることがある。
　それがこれだ。

　「以下の志願入隊契約の第10項にはこうある。a）全現役志願兵が対象：これが最初の志願入隊である場合、わたしは合計で8年間、服務しなければならない。その服務期間のうち現役勤務についていない部分はすべて、それより早く除隊させられないかぎり、予備役で服務しなければならない」

　8年間。最低でだ。したがって、もし現役勤務を4年間つとめて、「除隊」しても、きみは依然として軍にとどまり、いまや非現役の予備役、公式には〈個人緊急予備役〉に組みこまれただけで、つまり軍は残りの4年間、いつでもきみを召集できるということだ。
　もし軍士官学校あるいは予備士官訓練隊（ROTC）プログラムを卒業したらどうなるか？　5年が通常の義務だが、パイロット訓

練を受け入れた卒業生は9年間の現役勤務を義務づけられる。それ以外の現役勤務任官プログラムは通常、最低3年をもとめている。

　軍の一部門に入隊するとき、きみは自分の最初の義務やボーナス、職業訓練の保証などのインセンティヴの概略を説明する志願入隊契約書に署名する。これはこのハンドブックのもっとも興奮する部分ではないかもしれないが、もっとも重要な部分かもしれない。きみは熱意に駆られて募集係官のもとをおとずれただろうが、その契約書に署名するときには、目を大きく見開いて、自分の報酬だけでなく義務も完全に知って、署名しなければならない。報酬にかんしていえば、SEAL隊員は、その収入と恩恵目当てにSEAL隊員になるわけではない。

　もし軍に入隊することで自分にとって正しい選択をしたのであれば、8年間はあっという間にすぎていくように思えるかもしれない。結局のところ選択を誤って、それを耐え忍ばなければならないのであれば、だらだらとつづく可能性もある。軍勤務の義務期間は人生を左右する。しかし、軍服務期間のあいだに、きみはさらに人生を変えるべつの出来事にさらされるだろう。転属（PCS）である。

　転属とは、「現役勤務軍人──と同居するあらゆる家族構成員──を、軍事基地のようなべつな任地に公式に再配置すること」である。この義務は、現役勤務を終えるか、それ以外の先行するなにかの出来事によって、べつの転属命令が出るまでつづく。

　いいかえれば、きみは引っ越しをするだろうし、それもかなりたくさん引っ越しをすることになるかもしれないのだ。しかも、ときには家族親類や友人から遠く離れて。きみの子供はきみの現役勤務中、いくつかのちがう学校に通わねばならないかもしれない。軍事基地に空きがない場合は、たぶん近くの町で借家か売り家を見つけなければならないだろう。きみと家族は地理的に望ましくない場所で暮らすかもしれない。もし2年以上勤務したら、転属にともなう引っ越しで服務期間を延長する必要があるかもしれない。軍人を引っ越させるには、政府の金がかかるからだ。SEAL隊員の大半はカリフォルニア州コロナードかヴァージニア州ヴァージニア・ビー

2 自分が足を踏み入れようとしているものを知る

チに配属されている。しかし、通常は年間で最大 300 日、家から離れて訓練をしているか、派遣されている。

　軍の全部門は同じ志願入隊契約書を使っている（37 ページの見本を参照）。この契約書は軍への志願入隊と再入隊で使われる。軍に入るときにはさまざまな書類に署名するが、これはもっとも重要な書類だ。基本的なルールはこうだ。もしきみの現役勤務契約書に書いていなければ、募集係官がきみになにをいったかは問題ではない。現役勤務契約書はきみが署名する第二の契約書だ。きみが署名する第一の契約書は、延期入隊プログラム（DEP）契約書と呼ばれる。

　これは、将来の特定の時期に現役勤務のために出頭する（そして新兵訓練所へ送られる）という同意がついた、非現役の予備役への入隊である。新兵は最大で 365 日間、DEP にとどまることができる。

　きみは DEP に「宣誓して」、入隊することになる。この誓いに

は強制力がなく、新兵はいつでもそれを撤回することができるが、これは儀式の形で新兵の関与を深める手段である。

　最後の契約書である初期入隊訓練（IET）に送られる直前に署名する契約書に名前を書いて、〈入隊の誓い〉をした瞬間から、きみの現役勤務ははじまる。IETには、基礎訓練と上級個別訓練（AIT）がふくまれる。医療や基本給、復員軍人援護法のような権利は法律によって認められていて、契約書にはふくまれていない。これらの恩恵は軍に入隊する者全員が得られるからである。特別なインセンティヴと、きみの階級にどの資格があるか———入隊ボーナス、大学ローン返済プログラム、飛び級——は、その最後の契約書に書いてあるはずで、でなければきみがそれらを受け取ることはない。

　入隊契約をやめることは可能だが、「破棄する」のはもっとむずかしい。それでも多くの志願兵が新兵訓練所から「ふるい落とされて」、ある種の普通除隊（名誉ある条件でかもしれないし、そうでないかもしれない）で家に帰っている。それ以外では、契約をやめることをめぐる困難の度合いは、国の要求と、きみが選んだ分野における人材の手に入りやすさに左右される。きみが義務をまっとうしなかったことは、将来、民間の雇い主の目にはよく映らないだろう。簡単にいうと、きみは入隊契約書に署名する前に時間をかけてじっくりと考えるべきだし、もし署名するなら、その義務を遂行するつもりであるべきだ。

## 家族

　海軍SEAL隊員としての将来がきみに向いているかどうかを決定するときに考えるべきもうひとつのきわめて重要なことは、家族である。もしきみが下士官兵だったら、最低で6年間の義務を覚悟する必要があるだろう。新兵訓練所と予備BUD/SとBUD/Sを修了するのに必要な時間を合計すると、65週間以上、わが家と愛する人たちと離れることになる。しかも、それは手はじめにすぎない。

　SEAL隊員であることをしめす、トライデント（三又鉾）をあ

## お母さん、お父さん、先生、進路指導員、コーチ、友人、そして家族へ

　あなたの息子や生徒、あるいは愛する人は、もしすべてがうまくいけば、心と体を真剣に捧げることになる決断を下そうとしています。そしてそれはいくつもの段階でやって来ます。入隊あるいは任官からBUD/S、海軍SEAL隊員としての現役勤務まで、各段階で状況はどんどん困難になるでしょう。できるだけ多くの支援をあたえるのが、あなたにできる最善のことです。

　SEAL隊について学ぶことは、会話の下地を作るだけでなく、あなたの息子や愛する人、あるいは生徒が体験しているものをよりよく理解する助けになるでしょう。

　そして、忘れないでください、これは彼にとって人生を変えるような出来事であるだけではありません。あなたにもあなたの試練があるのです。とくに息子や愛する人、あるいは生徒が家を遠く離れたり、一度に長いあいだ連絡が取れなくなったりする試練が。彼になにがもとめられているかを理解すれば、あなた自身の心配や不安をやわらげるのに役立つでしょう。

　sealswcc.comやnavy.comやnavu.milなどのSEAL隊の公式ウェブサイトをオンラインで調べてください。メモを取って、息子や愛する人や生徒とあとで話すための話題を作るのです。

　新兵やSEAL候補生のほかの親御さんと接触してください。彼が先に進むにつれて、あなたはじきに、自分が新しい友人を作っただけでなく、新しい排他的なSEALファミリーの一員になったことにも気づくでしょう。

　あなたがたの大半は、若者がSEAL隊員になりたいと持ちかけてくる前に、軍のキャリアにたいする彼の情熱についてよ

> く知っているでしょう。しかし、そう知ってかなりのショックを受ける人もいるでしょう。彼になぜ SEAL 隊員になりたいのか聞くのです。アメリカ軍に身を捧げることがなにを意味するのか彼が理解するのを助けるのです。あなた自身の経験が、彼が思ってもみないかもしれない献身の側面を指摘するのに影響をおよぼすでしょう。
> 　地元の海軍募集係官あるいは SEAL 人材発掘係からいっしょに話を聞いてみてください。もっと情報が必要でしたら、888-USN-SEAL（888-876-7325）に電話をかけることもできます。

しらった特殊戦章を獲得したあと、通常は休暇か休養期間があり、それにつづいて、最初の配属部隊との展開、あるいはより高度な訓練と、それから最大 9 カ月の任務が待っている。すべての軍人は年間に 30 日の休暇を割りあてられている。

　SEAL 士官には最低 10 年間の義務があり、一部の者は海軍兵学校の、それ以外の者は一般大学の在学中あるいは卒業後に、士官候補生学校でひと夏かふた夏すごす。そしてもちろん、学校の休みもある。

　SEAL 士官は下士官兵といっしょに BUD/S に行く。士官は卒業後、7 年間勤務する義務がある。

　きみは新兵と SEAL 候補生訓練のあいだ、卒業まで家族との接触を制限されることを受け入れなければならないだろう。

　一部の新兵と SEAL 候補生にとって、家族から離れてこんなに長い期間をすごすのははじめてだろうし、離れ離れは、両親をはじめとする愛する人々にとって同じぐらいつらいものだ。家族はほかの SEAL 候補生の家族とつながることで支えを見出すことができる。

　フルタイムの現役勤務は自分向けではないと思うが、それでも勤務したい？　だったら予備役あるいは州兵を検討しなさい。きみの義務は通常、月に 1 週間で、それにプラスして年に 2 週間の現役

2 自分が足を踏み入れようとしているものを知る

## 入隊契約書

### ENLISTMENT/REENLISTMENT DOCUMENT
### ARMED FORCES OF THE UNITED STATES

**PRIVACY ACT STATEMENT**

**AUTHORITY:** 5 U.S.C. 3331; 10 U.S.C. 113, 136, 502, 504, 505, 506, 507, 508, 509, 510, 513, 515, 516, 518, 519, 972, 978, 2107, 2107a, 3253, 3258, 3262, 5540, 8252, 8253, 8257, 8258, 12102, 12103, 12104, 12105, 12106, 12107, 12108, 12301, 12302, 12304, 12305, 12405; 14 USC 351, 632; 32 U.S.C. 301, 302, 303, 304; and Executive Order 9397, November 1943 (SSN).

**PRINCIPAL PURPOSE(S):** To record enlistment or reenlistment into the U.S. Armed Forces. This information becomes a part of the subject's military personnel records which are used to document promotion, reassignment, training, medical support, and other personnel management actions. The purpose of soliciting the SSN is for positive identification.

**ROUTINE USE(S):** This form becomes a part of the Service's Enlisted Master File and Field Personnel File. All uses of the form are internal to the relevant Service.

**DISCLOSURE:** Voluntary; however, failure to furnish personal identification information may negate the enlistment/reenlistment application.

### A. ENLISTEE/REENLISTEE IDENTIFICATION DATA

1. **NAME** *(Last, First, Middle)*

2. **SOCIAL SECURITY NUMBER**

3. **HOME OF RECORD** *(Street, City, County, State, Country, ZIP Code)*

4. **PLACE OF ENLISTMENT/REENLISTMENT** *(Mil. Installation, City, State)*

5. **DATE OF ENLISTMENT/REENLISTMENT** *(YYYYMMDD)*

6. **DATE OF BIRTH** *(YYYYMMDD)*

7. **PREV MIL SVC UPON ENL/REENLIST** | YEARS | MONTHS | DAYS
a. TOTAL ACTIVE MILITARY SERVICE
b. TOTAL INACTIVE MILITARY SERVICE

### B. AGREEMENTS

8. I am enlisting/reenlisting in the United States *(list branch of service)* _____ this date for _____ years and _____ weeks beginning in pay grade _____ of which _____ years and _____ weeks is considered an Active Duty Obligation, and _____ years and _____ weeks will be served in the Reserve Component of the Service in which I have enlisted. If this is an initial enlistment, I must serve a total of eight (8) years, unless I am sooner discharged or otherwise extended by the appropriate authority. This eight year service requirement is called the Military Service Obligation. The additional details of my enlistment/reenlistment are in Section C and Annex(es) *(list name of Annex(es) and describe)*

_____
_____

a. **FOR ENLISTMENT IN A DELAYED ENTRY/ENLISTMENT PROGRAM (DEP):**
I understand that I am joining the DEP. I understand that by joining the DEP I am enlisting in the Ready Reserve component of the United States *(list branch of service)* _____ for a period not to exceed 365 days, unless this period of time is otherwise extended by the Secretary concerned. While in the DEP, I understand that I am in a nonpay status and that I am not entitled to any benefits or privileges as a member of the Ready Reserve, to include, but not limited to medical care, liability insurance, death benefits, education benefits, or disability retired pay if I incur a physical disability. I understand that the period of time while I am in the DEP is NOT creditable for pay purposes upon entry into a pay status. However, I also understand that the period of time while I am in the DEP is counted toward fulfillment of my military service obligation described in paragraph 10, below. While in the DEP, I understand that I must maintain my current qualifications and keep my recruiter informed of any changes in my physical or dependency status, qualifications, and mailing address. I understand that I WILL be ordered to active duty unless I report to the place shown in item 4 above by *(list date (YYYYMMDD))* _____ for enlistment in the Regular component of the United States *(list branch of service)* _____ for not less than _____ years and _____ weeks.

b. **REMARKS:** *(If none, so state.)*

c. The agreements in this section and attached annex(es) are all the promises made to me by the Government. **ANYTHING ELSE ANYONE HAS PROMISED ME IS NOT VALID AND WILL NOT BE HONORED.**
*(Initials of Enlistee/Reenlistee)* _____                                                                   *(Continued on Page 2)*

**DD FORM 4/1, OCT 2007**             PREVIOUS EDITION IS OBSOLETE.                    Adobe Professional 8.0

037

## C. PARTIAL STATEMENT OF EXISTING UNITED STATES LAWS

**9. FOR ALL ENLISTEES OR REENLISTEES:**
I understand that many laws, regulations, and military customs will govern my conduct and require me to do things under this agreement that a civilian does not have to do. I also understand that various laws, some of which are listed in this agreement, directly affect this enlistment/reenlistment agreement. Some examples of how existing laws may affect this agreement are explained in paragraphs 10 and 11. I understand that I cannot change these laws but that Congress may change these laws, or pass new laws, at any time that may affect this agreement, and that I will be subject to those laws and any changes they make to this agreement. I further understand that:

**a.** My enlistment/reenlistment agreement is more than an employment agreement. It effects a change in status from civilian to military member of the Armed Forces. As a member of the Armed Forces of the United States, I will be:

**(1)** Required to obey all lawful orders and perform all assigned duties.

**(2)** Subject to separation during or at the end of my enlistment. If my behavior fails to meet acceptable military standards, I may be discharged and given a certificate for less than honorable service, which may hurt my future job opportunities and my claim for veteran's benefits.

**(3)** Subject to the military justice system, which means, among other things, that I may be tried by military courts-martial.

**(4)** Required upon order to serve in combat or other hazardous situations.

**(5)** Entitled to receive pay, allowances, and other benefits as provided by law and regulation.

**b.** Laws and regulations that govern military personnel may change without notice to me. Such changes may affect my status, pay, allowances, benefits, and responsibilities as a member of the Armed Forces **REGARDLESS** of the provisions of this enlistment/reenlistment document.

**10. MILITARY SERVICE OBLIGATION, SERVICE ON ACTIVE DUTY AND STOP-LOSS FOR ALL MEMBERS OF THE ACTIVE AND RESERVE COMPONENTS, INCLUDING THE NATIONAL GUARD.**

**a. FOR ALL ENLISTEES:** If this is my initial enlistment, I must serve a total of eight (8) years, unless I am sooner discharged or otherwise extended by the appropriate authority. This eight year service requirement is called the Military Service Obligation. Any part of that service not served on active duty must be served in the Reserve Component of the service in which I have enlisted. If this is a reenlistment, I must serve the number of years specified in this agreement, unless I am sooner discharged or otherwise extended by the appropriate authority. Some laws that affect when I may be ordered to serve on active duty, the length of my service on active duty, and the length of my service in the Reserve Component, even beyond the eight years of my Military Service Obligation, are discussed in the following paragraphs.

**b.** I understand that I can be ordered to active duty at any time while I am a member of the DEP. In a time of war, my enlistment may be extended without my consent for the duration of the war and for six months after its end (10 U.S.C. 506, 12103(c)).

**c.** As a member of a Reserve Component of an Armed Force, in time of war or of national emergency declared by the Congress, I may, without my consent, be ordered to serve on active duty, for the entire period of the war or emergency and for six (6) months after its end (10 U.S.C. 12301(a)). My enlistment may be extended during this period without my consent (10 U.S.C. 12103(c)).

**d.** As a member of the Ready Reserve (to include Delayed Entry Program), in time of national emergency declared by the President, I may, without my consent, be ordered to serve on active duty, and my military service may be extended without my consent, for not more than 24 consecutive months (10 U.S.C. 12302). My enlistment may be extended during this period without my consent (see paragraph 10g).

**e.** As a member of the Ready Reserve, I may, at any time and without my consent, be ordered to active duty to complete a total of 24 months of active duty, and my enlistment may be extended so I can complete the total of 24 months of active duty, if:

**(1)** I am not assigned to, or participating unsatisfactorily in, a unit of the Ready Reserve; and

**(2)** I have not met my Reserve obligation; and

**(3)** I have not served on active duty for a total of 24 months (10 U.S.C. 12303).

**f.** As a member of the Selected Reserve or as a member of the Individual Ready Reserve mobilization category, when the President determines that it is necessary to augment the active forces for any operational mission or for certain emergencies, I may, without my consent, be ordered to active duty for not more than 365 days (10 U.S.C. 12304). My enlistment may be extended during this period without my consent (see paragraph 10g).

**g.** During any period members of a Reserve component are serving on active duty pursuant to an order to active duty under authority of 10 U.S.C. 12301, 12302, or 12304, the President may suspend any provision of law relating to my promotion, retirement, or separation from the Armed Forces if he or his designee determines I am essential to the national security of the United States. Such an action may result in an extension, without my consent, of the length of service specified in this agreement. Such an extension is often called a "stop-loss" extension (10 U.S.C. 12305).

**h.** I may, without my consent, be ordered to perform additional active duty training for not more than 45 days if I have not fulfilled my military service obligation and fail in any year to perform the required training duty satisfactorily. If the failure occurs during the last year of my required membership in the Ready Reserves, my enlistment may be extended until I perform that additional duty, but not for more than six months (10 U.S.C. 10148).

**11. FOR ENLISTEES/REENLISTEES IN THE NAVY, MARINE CORPS, OR COAST GUARD:** I understand that if I am serving on a naval vessel in foreign waters, and my enlistment expires, I will be returned to the United States for discharge as soon as possible consistent with my desires. However, if essential to the public interest, I understand that I may be retained on active duty until the vessel returns to the United States. If I am retained under these circumstances, I understand I will be discharged not later than 30 days after my return to the United States; and, that except in time of war, I will be entitled to an increase in basic pay of 25 percent from the date my enlistment expires to the date of my discharge.

**12. FOR ALL MALE APPLICANTS:** Completion of this form constitutes registration with the Selective Service System in accordance with the Military Selective Service Act. Incident thereto the Department of Defense may transmit my name, permanent address, military address, Social Security Number, and birthdate to the Selective Service System for recording as evidence of the registration.

*(Initials of Enlistee/Reenlistee)* _____

DD FORM 4/1 (PAGE 2), OCT 2007

| NAME OF ENLISTEE/REENLISTEE *(Last, First, Middle)* | SOCIAL SECURITY NO. OF ENLISTEE/REENLISTEE |
|---|---|

## D. CERTIFICATION AND ACCEPTANCE

**13a.** My acceptance for enlistment is based on the information I have given in my application for enlistment. If any of that information is false or incorrect, this enlistment may be voided or terminated administratively by the Government or I may be tried by a Federal, civilian, or military court and, if found guilty, may be punished.

I certify that I have carefully read this document, including the partial statement of existing United States laws in Section C and how they may affect this agreement. Any questions I had were explained to my satisfaction. I fully understand that only those agreements in Section B and Section C of this document or recorded on the attached annex(es) will be honored. I also understand that any other promises or guarantees made to me by anyone that are not set forth in Section B or the attached annex(es) are not effective and will not be honored.

| b. SIGNATURE OF ENLISTEE/REENLISTEE | c. DATE SIGNED *(YYYYMMDD)* |
|---|---|

### 14. SERVICE REPRESENTATIVE CERTIFICATION

**a.** On behalf of the United States *(list branch of service)* _____ ,
I accept this applicant for enlistment. I have witnessed the signature in item 13b to this document. I certify that I have explained that only those agreements in Section B of this form and in the attached Annex(es) will be honored, and any other promises made by any person are not effective and will not be honored.

| b. NAME *(Last, First, Middle)* | c. PAY GRADE | d. UNIT/COMMAND NAME |
|---|---|---|
| e. SIGNATURE | f. DATE SIGNED *(YYYYMMDD)* | g. UNIT/COMMAND ADDRESS *(City, State, ZIP Code)* |

## E. CONFIRMATION OF ENLISTMENT OR REENLISTMENT

**15. IN THE ARMED FORCES EXCEPT THE NATIONAL GUARD (ARMY OR AIR):**

I, _____, do solemnly swear (or affirm) that I will support and defend the Constitution of the United States against all enemies, foreign and domestic; that I will bear true faith and allegiance to the same; and that I will obey the orders of the President of the United States and the orders of the officers appointed over me, according to regulations and the Uniform Code of Military Justice. So help me God.

**16. IN THE NATIONAL GUARD (ARMY OR AIR):**

I, _____, do solemnly swear (or affirm) that I will support and defend the Constitution of the United States and the State of _____ against all enemies, foreign and domestic; that I will bear true faith and allegiance to the same; and that I will obey the orders of the President of the United States and the Governor of _____ and the orders of the officers appointed over me, according to law and regulations. So help me God.

**17. IN THE NATIONAL GUARD (ARMY OR AIR):**

I do hereby acknowledge to have voluntarily enlisted/reenlisted this _____ day of _____, _____ in the _____ National Guard and as a Reserve of the United States *(list branch of service)* _____ with membership in the _____ National Guard of the United States for a period of _____ years, _____ months, _____ days, under the conditions prescribed by law, unless sooner discharged by proper authority.

| 18.a. SIGNATURE OF ENLISTEE/REENLISTEE | b. DATE SIGNED *(YYYYMMDD)* |
|---|---|

### 19. ENLISTMENT/REENLISTMENT OFFICER CERTIFICATION

**a.** The above oath was administered, subscribed, and duly sworn to (or affirmed) before me this date.

| b. NAME *(Last, First, Middle)* | c. PAY GRADE | d. UNIT/COMMAND NAME |
|---|---|---|
| e. SIGNATURE | f. DATE SIGNED *(YYYYMMDD)* | g. UNIT/COMMAND ADDRESS *(City, State, ZIP Code)* |

(Initials of Enlistee/Reenlistee) _____

**DD FORM 4/2, OCT 2007**          PREVIOUS EDITION IS OBSOLETE.

| NAME OF ENLISTEE/REENLISTEE (Last, First, Middle) | SOCIAL SECURITY NO. OF ENLISTEE/REENLISTEE |
|---|---|

## F. DISCHARGE FROM/DELAYED ENTRY/ENLISTMENT PROGRAM

**20a.** I request to be discharged from the Delayed Entry/Enlistment Program (DEP) and enlisted in the Regular Component of the United States *(list branch of service)* _____ for a period of _____ years and _____ weeks. No changes have been made to my enlistment options OR if changes were made they are recorded on Annex(es) _____

which replace(s) Annex(es) _____ .

| b. SIGNATURE OF DELAYED ENTRY/ENLISTMENT PROGRAM ENLISTEE | c. DATE SIGNED (YYYYMMDD) |
|---|---|

## G. APPROVAL AND ACCEPTANCE BY SERVICE REPRESENTATIVE

**21. SERVICE REPRESENTATIVE CERTIFICATION**

**a.** This enlistee is discharged from the Reserve Component shown in item 8 and is accepted for enlistment in the Regular Component of the United States *(list branch of service)* _____ in pay grade _____ .

| b. NAME (Last, First, Middle) | c. PAY GRADE | d. UNIT/COMMAND NAME |
|---|---|---|
| e. SIGNATURE | f. DATE SIGNED (YYYYMMDD) | g. UNIT/COMMAND ADDRESS (City, State, ZIP Code) |

## H. CONFIRMATION OF ENLISTMENT OR REENLISTMENT

**22a. IN A REGULAR COMPONENT OF THE ARMED FORCES:**

I, _____ , do solemnly swear (or affirm) that I will support and defend the Constitution of the United States against all enemies, foreign and domestic; that I will bear true faith and allegiance to the same; and that I will obey the orders of the President of the United States and the orders of the officers appointed over me, according to regulations and the Uniform Code of Military Justice. So help me God.

| b. SIGNATURE OF ENLISTEE/REENLISTEE | c. DATE SIGNED (YYYYMMDD) |
|---|---|

**23. ENLISTMENT OFFICER CERTIFICATION**

**a.** The above oath was administered, subscribed, and duly sworn to (or affirmed) before me this date.

| b. NAME (Last, First, Middle) | c. PAY GRADE | d. UNIT/COMMAND NAME |
|---|---|---|
| e. SIGNATURE | f. DATE SIGNED (YYYYMMDD) | g. UNIT/COMMAND ADDRESS (City, State, ZIP Code) |

*(Initials of Enlistee/Reenlistee)* _____

**DD FORM 4/3, OCT 2007**      PREVIOUS EDITION IS OBSOLETE.      Reset

2　自分が足を踏み入れようとしているものを知る

カリフォルニア州コロナードの海軍特殊戦センターの海辺で、ゴムボートを運ぶBUD/S訓練生たち。

勤務がくわわる。下士官兵として、グレイト・レイクス海軍基地にある新兵訓練コマンドの新兵訓練所での最初の7週間が終わったら、きみは現役勤務に召集されるまで自宅近くで訓練ができ、フルタイムの民間教育を追求したり、勤務中に専門的な軍事訓練を受けたりできる。

041

### 心理的なタフさについて

戦士は自分がなにを／だれを代表しているか
思いださねばならない……つねに。

「死者だけが戦争の終わりを見たことがある」――プラトン

　心的傾向はBUD/Sへのきみの準備ときみがBUD/Sをやり抜く可能性のもっとも重要な側面だ。強い心的傾向を持つ人間が、成し遂げようと取りかかったなにかを達成するのをさまたげることは、なにものにもできない。そして、弱い心的傾向を持つ人間を助けることはなにものにもできない。SPECOPS関係者のなかに弱い心的傾向を持つ人間の居場所はない。
「BUD/Sの準備をどのようにしたらいいでしょうか？」とたずねられるとき、わたしの答えは基本的に、「毎日、自分をもっと強く、もっと速く、もっと健康に、あるいはもっと賢くすることをやりなさい」である。
　もっと強くは、腕立て伏せや懸垂、腹筋運動、ロープ登り、SEAL体操、クロスフィット、P90Xエクササイズなどによって得られる。もっと強くなる方法は文字どおり何千とある。きみのスケジュールと訓練場所に合った正しいトレーニング・プログラムを探して見つけだす意欲を持つのはきみしだいだ。きみはどうしても懸垂の練習をする必要がある。もし懸垂の鉄棒が手近になければ、作ることを検討しなさい。
　もっと速くは、4から6マイル走に集中して、もっと速く走れるようになるということだ。やわらかい砂を走るのはBUD/Sの重要な部分なので、ビーチへ行って、ブーツを履き、タイムランをやりなさい。水泳については、足ヒレをつけて泳げるようになり、戦闘横泳ぎで2マイルのオープンウォータースイミングをやりなさい。必要なら、水泳コーチをやとって泳法を

手伝ってもらう。週に1度、2マイルのタイムスイミングができれば理想的だろう。BUD/Sと同じように、きみは毎週、前の週よりも速い時間を記録しなければならない。

きみの目標は、PSTの最高スコアよりも多くの懸垂、腕立て、腹筋ができることでなければならない。きみの目標は最高スコアよりも速く泳げ、走れることでなければならない。

本格的なトレーニング・プログラムに取り組み、自分の上達を測定し記録すること。これは遊びではない。きみは世界一精選されたエリートの仲間入りをするために訓練しているのだ。きみは願わくばこの地球で屈指のタフな戦士たちと訓練をして戦い、寝食を共にするつもりだ。そのためにはできることはなんでもやる必要がある——きみにできるすべてを。

*The U.S. Navy SEAL Guide to Fitness* と *The U.S. Navy SEAL Guide to Nutrition* を読みなさい。トレーニングを最大限生かせるように、正しく食べ、眠り、水分を補給しなさい。多くのBUD/S候補生は射撃場へ行って、射撃や武器の組み立て分解を学んでいる。彼らは射撃術や弾道学の基本を学んでいる。多くは民間の潜水訓練コースやパラシュート訓練コースにかよっている。潜水物理は多くの人間にとってむずかしい科目だが、BUD/Sの前に潜水の基本を学べば、優位に立てるだろう。わたしは実際に、BUD/Sにかよう前に *U.S. Navy Diving Manuals*（第1巻と第2巻）を読んでいた。より準備をしてBUD/Sに参加すればするほど、専門用語や戦史、関連する話題について学べば学ぶほど、きみはより準備ができるだろう。

**「訓練に汗と涙をつぎ込めばつぎ込むほど、戦争のとき流す血は少なくなる」——BUD/Sのモットー**

わたしはさらにきみが救命士（EMT）か野外救命士、ある

いはすくなくとも第一対応者になることを勧めたい。きみは基本的な緊急医療を知ることを要求されるだろうし、きみが命を救うためにそうした技能を必要とする可能性は高いだろう。

　SEAL チームの歴史や海軍特殊戦、戦史についてきみにできるすべてを学びなさい。現在世界で起きている出来事に関心を持つこと——この世界の戦争や紛争地域に。海軍 SEAL 隊員が書いた本を読み、SEAL 隊の映画や軍事映画を見なさい。

　*Modern Day Gunslinger* は基本的には、武器の基礎と基本戦術の本である。この本の教訓の大半をわたしは SEAL チームにいるあいだに学んだ。*The Navy SEAL Survival Handbook* はサバイバル授業の本で、その大半をわたしは SEAL チームと海軍サバイバル・脱出・抵抗・生還コースで学んだ。

　BUD/S でわたしを大いに優位に立たせてくれたことがいくつかある。わたしは週にすくなくとも 20 時間訓練し、マラソンやトライアスロンのような耐久レースに定期的に参加していた。BUD/S にくわわったとき、わたしはきわめて壮健で、肉体的な挑戦を生きがいにしていた。わたしは挑戦されたかった。わたしの態度は、「苦痛歓迎」で、「苦痛は力を生みだし、苦痛はすばらしく、最高の苦痛は最高に素晴らしい」だった。もし状況が少しばかり困難だったら、わたしは単純に気を失う。もしまだ意識があったら、もっと苦痛に対処できる。これが 35 年以上わたしが行動の指針にしてきた哲学だ——しかもこれはうまくいくのだ！

　わたしは BUD/S の準備にかけた 4 年間で、ヴィジュアライゼーション・テクニックも使った。BUD/S がきわめてむずかしいだろうとわかっていたので、週に何時間もかけて、水がどんなに冷たいか、日に何千回もの腕立てや腹筋や何百回もの懸垂をやったあとどんなに体が痛いかなどを心のなかでイメージしたのだ。わたしのイメージは大いに助けになった。わたしが

イメージしたBUD/Sは現実よりずっとひどかった。

　わたしは緊急時対応策を持たなかった。わたしが望んでいたのは海軍SEAL隊員になることだけだった。わたしはバックアップ計画を持たなかったし、必要としなかった。全身全霊を捧げずにBUD/Sにやってくる者たち——「まあ、これがうまくいかなかったら、潜水員か衛生隊員になればいいさ」——は、訓練で極度の困難な状況に直面したとき、やめる口実を見つけると思ったのだ。わたしはBUD/Sに100パーセントの努力と100パーセントの時間を向けるために100パーセントの献身をつづけた。水が冷たすぎてこのまま気を失ってしまいたい、冷たい水から引っぱりだされたら意識が戻るのはわかっているんだからと思ったことも何度かあったが、訓練をやめるという選択肢はまったくなかった。

　BUD/Sでよくいわれるように、「勝者になることは報われる」のだ。きみはどの訓練でもあらゆることで一等になろうと努力しなければならない。きみときみのチームは勝つためにできることをすべてやる必要がある。砂浜でやわらかい砂の上を短距離走するよう命じられたら、100パーセントの力を発揮して、どの短距離走でも勝つことを目標にしなければならない。目隠しをして武器を組み立て分解することになったら、いちばんに終えなければならない。点検のために兵舎を清掃して制服と作戦装備のしたくをするときには、いかなる違反も犯してはならない。いいかえれば、きみはBUD/Sと願わくはチームでやることすべてにおいて、これ以上ないほど優秀になるために、できることをすべてやる必要があるのだ。

　あたえられた課題を終えたら、可能なあらゆる方法でチームメイトを支援しなければならない。もしチームメイトが潜水生理あるいは潜水物理で苦戦していて、きみがこれらの分野をよく理解していたら、非番の時間を使って「水泳バディ」を助けるのがきみの責務だ。BUD/Sをやり抜くもっとも重要な側面

のひとつは、きみがチームメイトとしてどうかということだ。チームメイトはすべてだ。きみは自分のチームがより強くなるためにできることをすべてやる必要がある。
　BUD/Sの施設に足を踏み入れた瞬間から、きみはたえず詳細に評価される。きみの長所と短所は、きみの立ち居振る舞いですぐにあきらかになるだろう。制服の外見や全体的な態度、チームメイトをどうあつかうか、あらゆる課題にいかに熱心に取り組むか、そしてそれ以外の事実上すべての行動ぶりで。きみの評価は、右手を上げて祖国へ奉仕すると宣誓した瞬間からはじまる。
　大局的に見れば、海軍はやる気のある若者を訓練して、あこがれのSEAL隊員のトライデント章を着用できるようにしたり、地球上で屈指の経験豊富な戦士たちでいっぱいの共同体の一員になれるようにするためだけに、何百万ドルもついやしているわけではない。海軍がそれだけの時間とエネルギーと資源をついやして人々をSEAL隊員にしている理由は、エリートのなかのエリートの戦士に投資しているからだ。きみがいったんBUD/Sをやり抜いてチームにくわわったら、きみの役目はわが国を守り防衛することであり、そのためにはしばしば危険な場所におもむいて、「脅威を無力化する」必要がある——歯に衣着せぬいいかたをすれば、これはきみが敵を殺すための訓練を受けるということだ。この事実は、BUD/Sに進む決断をする前に、強く強調して検討しなければならない。きみはほとんどの時間を家から遠く離れて訓練し活動するために人生を捧げ、敵戦闘員の命を奪うのを厭わないタイプの人間だろうか？もしきみがこれらの質問に、はい、と答え、BUD/Sに進む前に肉体的にすばらしい状態になることができ、ずっとやる気満々で——おまけに幸運で——ありつづけられるなら、きみにはアメリカ海軍SEAL隊員になるチャンスがたしかにある。

# 3

# どうやって
# SEAL候補生になるか

　SEAL候補生になることは、このエリート共同体の一員になるための旅のつぎのステップである。志願者、志望者、競争者——これらはみんな候補生の同義語で、きみはそのすべてだ。きみは軍に入る機会をもとめて志願する。きみはエリート特殊部隊の一員になることを志望している。きみは特別に選ばれたひとりになるために多くの者のなかで競争者となる。しかし、SEAL候補生になる前に、きみは候補生になるための候補者となり、最小限だがきわめて重要ないくつかの条件を満たさねば、考慮の対象にすらならない。

- きみはアメリカ市民でなければならない。
- きみは18歳から28歳（親の承諾があれば17歳）でなければならない。29歳と30歳の男性には、高度な資格を持つ候補生のための免除がある。士官志願者はすくなくとも19歳で、29歳の誕生日前に任官しなければならない。最高年齢制限は以前の現役勤務にたいして、1月ごとに最大24カ月まで上方調整されるかもしれない。並はずれた資格を持つ現役あるいは以前入隊していた軍人あるいは民間人にたいしては、もし35歳の誕生日前に任官できれば、24カ月を超える免除が考慮される。免除は海軍特殊戦士官団管理部長、略称BUPERS 311Dが考慮する。
- きみは高校卒業者か、高校卒業同等証書（GED）を持つか、

高成績予測プロファイル（HP3）と呼ばれる基準を満たし、英語のリーディングやスピーキング、ライティング、そして理解に堪能でなければならない。
●きみはきれいな経歴を持ち、民事禁止（接近禁止命令）下にあってはならない。薬物乱用者であってはならないし、一連の軽微な有罪判決あるいは、いかなる軽微ではない有罪判決、軽罪の有罪判決、あるいは重罪の有罪判決を受けていてはならない。有罪判決の数と軽重によって免除が認められることもあるが、係争中の訴訟がある志願者は、事前の承認がなければ入隊できない。
● SEAL 候補生は軍職業適性総合テスト（ASVAB）の最低限の条件を満たさねばならない。これについては、本章であとからくわしく紹介する。
●裸眼視力は、いいほうの目が 0.5 以上で、悪いほうの目が 0.3 以上あって、0.8 以上に矯正できなければならない。色覚障害は不適格と見なされるだろう。
●きみは機密情報取り扱い資格を得られなければならない。
●本書刊行時点では、きみは男性でなければならない。

　SEAL 候補生になる方法はいくつもある。民間人であれば、入隊前に SEAL チャレンジ契約で SEAL 隊にくわわるよう要請することができる。SEAL チャレンジ契約は SEAL 候補生になる機会を保証し、入隊したときある種のボーナスと恩恵をきみにあたえてくれる。

　入隊前に SEAL チャレンジ契約を得られなければ、新兵訓練所の第 1 週に志願して体力ふるい分けテスト（PST）を受けることができる。もし PST にパスしたら、海軍特殊作戦モチベーターがきみを面接する。モチベーターはそれからきみが BUD/S 訓練ルートに乗るための要請を送るのである。

3 どうやってSEAL候補生になるか

> 入隊前に、海軍の募集係官にSEALチャレンジを受けたいということ。入隊前にチャレンジ契約を結んでいなければ、契約を結んでいる志願者と同じ恩恵を受ける資格は得られないだろう。

なによりも、候補生は、PSTをすくなくとも最低条件を満たしてパスしなければならない。最低基準に達するだけの準備では、いい考えとはいえない。きみはこの単純なテストできわめて優秀な成績を上げるように計画準備すべきだ。BUD/Sに進む者たちは、「勝者になることは報われる」と知ることになるだろう。PSTは実際には入学試験で、きみは一度以上受けることになる。BUD/Sと比較すれば、じつにシンプルで、それほどむずかしくない試験だ。

これらの最低限の条件をおさらいする前に、きみはSEAL隊員

新兵たち——特殊戦作戦員や特殊戦舟艇操縦員、海軍潜水員、爆発物処理（EOD）員の下士官兵候補生——が、イリノイ州グレイト・レイクスの新兵訓練コマンドの屋外トラックを走る。
Credit: U.S. Navy photo by Mr. Scott A. Thornbloom.

049

## SEAL 指導員

　海軍 SEAL 指導員は、きみが海軍 SEAL 隊員になるプロセスを進み、特定の条件を理解して満たすのを手伝う案内人である。彼らはきみが PST のためにトレーニングするのを手伝い、さらにきみの延期入隊プログラム（DEP）資格認定 PST を実施する。

　SEAL 指導員はアメリカの 26 地域のどこでも見つけられる。SEAL 指導員あるいは PST 訓練にかんしては、888-USN-SEAL（888-876-7325）に電話を。SEAL ＋ SWCC 人材発掘チームは、連邦の休日を除く太平洋標準時の月曜から金曜の午前 6 時から午後 4 時まで対応が可能だ。あるいは motivators@navsoc.mil で SEAL ＋ SWCC 人材発掘チームに E メールを送ることも、地元の海軍募集係官と話すこともできる。SEAL 指導員の連絡先の情報は、必要な人だけに教えるという原則で公開される。

地域

- アリゾナ州フェニックス
- イリノイ州シカゴ
- ヴァージニア州リッチモンド
- オハイオ州コロンバス
- オレゴン州ポートランド
- カリフォルニア州サンディエゴ
- カリフォルニア州サンフランシスコ
- カリフォルニア州ロサンゼルス
- コロラド州デンヴァー
- ジョージア州アトランタ

- テキサス州サンアントニオ
- テキサス州ダラス
- テネシー州ナッシュヴィル
- テキサス州ヒューストン
- ニューヨーク州ニューヨーク
- ノースカロライナ州ローリー
- フロリダ州ジャクソンヴィル
- フロリダ州マイアミ
- ペンシルヴェニア州ピッツバーグ
- ペンシルヴェニア州フィラデルフィア
- マサチューセッツ州ボストン
- ミシガン州デトロイト
- ミズーリ州セントルイス
- ミネソタ州ミネアポリス
- ルイジアナ州ニューオリンズ
- ワシントン州シアトル

になるための進行順序を理解しなければならない。まずきみは最初のPSTをパスする必要がある。

　資格認定SEAL PSTは、海軍特殊戦調整員あるいは指導員によって運営される。候補生志望者は、PSTで最適な成績をおさめることで、BUD/Sに選ばれて訓練で成功をおさめる確率を高めることができる。最低限の成績でパスするのは、きみがNAVSPECWARと通常呼ばれる海軍特殊戦部隊への旅をはじめるのにいい方法ではない。

> **SEALの資格**
>
> 　SEAL契約の資格を得るためには、候補生志願者は最低限の体力条件を満たさねばならない。最適な身体能力水準（およびそれ以上）を達成し、BUD/Sの確率を高めるために努力することが強く推奨される。きみはSEAL PST計算機を利用することで現在の身体能力レベルを判定できる。SEAL PST計算機はきみの成績と実際の基礎水中処分/SEAL（BUD/S）入門レベルの成績を比較し、それにもとづいてきみをランク付けする。www.sealswcc.comを訪れなさい。
>
> 　新兵訓練所とBUD/Sに行く前にできるだけたくさん準備すること。

**体力ふるい分けテストと最低、平均、そして最適の成績**

|  | 最低 | 平均 | 最適 |
|---|---|---|---|
| 水泳500ヤード平泳ぎあるいは横泳ぎ | 12分30秒 | 10分00秒 | 9分30秒 |
| 腕立て伏せ2分間 | 42回 | 79回 | 100回 |
| 腹筋運動2分間 | 50回 | 79回 | 100回 |
| 懸垂——時間制限なし | 6回 | 11回 | 25回 |
| 1.5マイル走 | 11分00秒 | 10分20秒 | 9分30秒 |

## 各科目のポイントと最低限の成績

　前に述べたように、PST では、きみは最低限の成績をおさめなければならない。ここでは最低限の成績と各科目のポイントをしめす──それぞれの運動のやりかたにかんして、きみにもとめられているものを。最低限の成績を目安にして、より高い成績をおさめるよう努力すること──これは何度いってもいいすぎではない──新兵訓練所と予備 BUD/S と BUD/S の成績がよければよいほど、きみの確率は高くなるのだ。最低限ですべりこむのはいい考えとはいえない。

アメリカ海軍 SEAL 隊員と特殊戦戦闘艇乗組員（SWCC）の募集係官が、第 18 回ヒスパニック・トラック＆フィールド競技年次競技会に参加している。この海軍がスポンサーになったイベントは、7000 人の高校卒業生と親、観客を集めた。
Credit: U.S. Navy Mass Communication Specialist 2nd Class Meranda Keller.

## SEAL 体力ふるい分けテスト（PST）の最低限の条件

| PST | 最低限 |
|---|---|
| 水泳 500 ヤード横泳ぎ／平泳ぎ | 12 分 30 秒 |
| 　　休憩 10 分 | |
| 腕立て伏せ（2 分以内） | 42 回 |
| 　　休憩 2 分 | |
| 腹筋運動（2 分以内） | 50 回 |
| 　　休憩 2 分 | |
| 懸垂（時間制限なし） | 6 回 |
| 　　休憩 10 分 | |
| 1.5 マイル走 | 11 分 00 秒 |

## SEAL 体力ふるい分けテストの競争に勝てる成績

| PST | 成績 |
|---|---|
| 水泳 500 ヤード横泳ぎ／平泳ぎ | 10 分 30 秒 |
| 　　休憩 10 分 | |
| 腕立て伏せ（2 分以内） | 79 回 |
| 　　休憩 2 分 | |
| 腹筋運動（2 分以内） | 79 回 |
| 　　休憩 2 分 | |
| 懸垂（時間制限なし） | 11 回 |
| 　　休憩 10 分 | |
| 1.5 マイル走 | 10 分 20 秒 |

### 水泳

きみは横泳ぎか平泳ぎでテストを行なわねばならない。

### 腕立て伏せ

背筋をのばして、足と手をつねに床につけて行なわねばならない。背中を丸めるのは厳禁！　正しい姿勢をきちんと維持しなければならない。

### 腹筋運動

床に座って、膝をおよそ90度に曲げる。体の前で腕を交差させ、指先で肩に触れる。全可動域を維持すること。

### 懸垂

手のひらを体と反対に向けて鉄棒をつかむ。両手は肩幅と同じだけ離す。脚を揺らしたり、蹴ったり、後ろにそらして反動をつけたり、自転車をこぐようにばたばたさせたりして補助してはならない。確実に体をいちばん上まで持ち上げて（顎が鉄棒より上に来なくてはならない）、それからいちばん下まで下ろすようにすること。

> 傍註：懸垂で脚を後ろにそらして反動をつけるキッピングというやりかたは、インチキだと見なす者もいるが、なかにはキッピングを、出力の増大を可能にするテクニックと見る者もいる。

## ASVAB テスト
（質問の例については 145 ページの付録 1 参照）

　先にいったように、肉体的な能力は SEAL 候補生になるときの要素の一部にすぎない。もしきみが海軍 SEAL 隊員になることを真剣に考えているのなら——その場合、きみは軍職業適性総合テスト、略して ASVAB に合格しなければならないだろう。これは数学や話術、文章術、そして語彙力といった基礎知識のテストだ。これはきみの長所や短所、成功指数を測定し、さらにさまざまな軍および民間の職業にかんする情報をきみにあたえてくれる。

　士官訓練プログラムにくわわるつもりでないかぎり、きみは軍のどの部門に入ろうと思っていてもこのテストを受ける必要がある。ASVAB は軍に入るためにきみを審査するだけでなく、考えられる職業の斡旋にも使われる。だからきみはこのテストをきわめて真剣に受け止めなければならないし、これにパスしさえすればいいと考えて、ただすいすいと片づけようとしてはならない。そういう具合にはいかないのだ！　きみは自分のいちばん得意な技能に集中し、

アラビア海洋上の強襲揚陸艦 USS キアサージ（LHD-3）艦上で、飛行前に CH-53E シースタリオンのローターのロック機構を目視チェックする海兵航空機整備員。
Credit: U.S. Navy photo by Photographer's Mate 2nd Class Alicia Tasz.

056

# 3 どうやってSEAL候補生になるか

> いますぐ練習をはじめなさい！ 完全版の練習テストのサンプルについては、www.military.com/join-armed-forces/asvab を訪れなさい。

可能な最高の成績をおさめなければならないだろう──よりよい成績は、より広範囲な種類の選択肢を意味する。よりよい仕事、より高い給与、そしてより多くの機会を。

ASVAB試験には3種類ある。CAT-ASVAB（コンピューター適応型テスト）は、きみが入隊する軍入隊手続所（MEPS）でしか受けられない。試験は時間制限があり、戻ってチェックしたり、あとから答えを変えたりはできないだろう。CAT-ASVABは10部に分かれ、算術や話術、一般科学知識、機械にかんする知識といったテーマがふくまれる。

MET（移動試験テスト）会場ASVABは、きみが募集係官から紹介されたあとで、軍の各部門のひとつに入隊するためだけに実施される。それは8部に分かれ、紙と鉛筆で行なわれる。やはり時間制限のあるテストだが、MET-ASVABでは答えをチェックして変更できる。このテストでは答えをまちがってもペナルティーはないので、答えを知らなければ知恵をしぼって全問に解答しなさい──そうすればよい成績をおさめる確率が上がるだろう。

空母USSハリー・トルーマン艦内で、室内センサーの温度調節テスト手順を実施する一等航空電子整備兵（ATAN）。
Credit: U.S. Navy photo by Photographer's Mate 3rd Class Danny Ewing, Jr.

057

## ASVAB 小テスト

| 科目 | 問題数 | 分 | 内容 |
|---|---|---|---|
| 一般科学（GS） | 25 | 11 | 物理科学と生物科学の知識を測定する |
| 算術的推論（AR） | 30 | 36 | 算術の文章問題を解く能力を測定する |
| 言語の知識（WK） | 25 | 11 | 文脈でしめされる言葉の正しい意味と同義語を見分ける能力を測定する |
| 短文の理解（PC） | 15 | 13 | 文書から情報を得る能力を測定する |
| 自動車と修理工場の情報（AS） | 25 | 11 | 自動車と工具と、修理工場の用語と実務の知識を測定する |
| 数学の知識（MK） | 35 | 11 | 高校数学の原理の知識を測定する |
| 機械の理解（MC） | 25 | 19 | 機械的および物理的原理の知識と、図示された物体がどう動くかをイメージする能力を測定する |
| 電子技術の情報（EI） | 20 | 9 | 電気と電子工学の知識をテストする |

　スチューデントASVABは、高校生が自分の技能、就職の見通し、考えられる軍のキャリア、あるいは大学の専攻を見きわめるのを助けるために提供される。これは大部分、MET-ASVABと同じもので、ただ高校生がテストを受けるのはかならずしも軍に入るためではなく、より高い教育と職業上の目標を計画しながら、自分の長所短所を知るためである。

　ASVABを構成する小テストは、科学や数学、筆記、語彙の基礎知識や、構造の進化と仕組みの理解、自動車の機能と修理、電流や電子装置や回路の知識に焦点を当てている。これらはすべて、軍務のさまざまなとき、さまざまな部分で持っていなければならない技能と知識である。きみは質問に正しく答え、テストを時間内に終わらせる能力と、答えた問題の数によって採点される。

　軍の各部門は、その一員にそれぞれちがった最低成績を要求している。SEAL候補生になるには、きみのGS（一般科学）＋MC（機械の理解）＋EI（電子技術の情報）が165に等しいか、あ

るいはきみのVE〔言語表現、WK〔言語の知識〕とPC〔短文の理解〕の結果にもとづく〕＋MK（数学の知識）＋MC（機械の理解）＋CS（コード番号読み取りの速さ）が220に等しくなければならない。ここで注意していただきたい。ASVABで好成績をおさめるのはきわめて重要だ。要求されるASVAB成績では、海軍SEAL候補のための免除は得られないからだ。

これは海軍のほかの仕事や軍のほかの部門の免除が得られないという意味ではない。きみの募集係官に免除にかんする情報を問い合わせなさい。

## C-SORT：心理的なタフさと回復力をテストする

コンピューター化・特殊作戦回復力テスト、略称C-SORTは、SEAL候補生希望者の心理的タフさを評価する。テストは3つの分野をカバーしている。

- パフォーマンス戦略
- 心理学的回復力
- 性格的特徴

パフォーマンス戦略は、個人の目標設定と感情のコントロールのような技能をテストする。心理学的回復力は、個人の生命状況の受容と、認知上の挑戦と脅威に対処する能力を評価する。

各分野の成績は1から4の等級にもとづいて、バンドスコアと呼ばれる、ひとつの成績にまとめられる。バンドスコア4はもっとも高い心理的回復力を、バンドスコア1は最低レベルをしめす。きみはSEAL候補生希望者として、C-SORTを1回しか受けられない。

きみのC-SORTバンドスコアは、水泳とランニングのタイムと合計して、SEAL訓練プログラムに適格かどうかが判断される。もし成績が悪ければ、きみはSEAL候補と認められることはない。しかし、すべてが完全に失われたわけではない。C-SORTをもう

一度受けることはできなくても、もしPSTの成績を向上させ、とくに水泳とランニングのタイムをちぢめて、延期入隊資格認定PSTを再度受ければ、合計した成績はSEAL契約の資格が得られるほど向上するかもしれない。

　きみが最低限の基準を満たし、SEAL契約を手に入れたら、延期入隊プログラム（DEP）段階中に、きみのSEAL指導員といっしょに訓練をはじめることになる。最適なレベルに達したら、イリノイ州グレイト・レイクスの新兵訓練センターにある新兵訓練所へ行く準備は完了だ。しかし、実際に行く前に、きみのPSTの成績は全国の成績に照らしてランク付けされ、最適範囲プラスと呼ばれる最高の成績をおさめた者たちだけがその新兵訓練所サイクルに選ばれることになる。これは海軍特殊戦選抜と呼ばれる──選抜徴兵制度と混同しないように。

　もし選ばれなければ、きみは訓練にもっと時間をかけるか、あるいは自分には軍のべつの職業あるいは部門でもっと役立つかもしれない技能があると判断を下すことができる。

イリノイ州グレイト・レイクスの新兵訓練コマンドで、海軍新兵訓練の最終段階である〈戦闘配置〉を無事修了したあと、気をつけをするアメリカ海軍新兵。
Credit: DOD photo by Chief Petty Officer Johnny Bivera, U.S. Navy.

# 3 どうやってSEAL候補生になるか

**新兵訓練所を修了したあと**

きみは新兵訓練所を修了したら、予備BUD/Sに行くことになる。きみをBUD/Sのために肉体的に準備させることを目的とした、イリノイ州グレイト・レイクスの7週間から9週間の海軍特殊戦予備学校だ。もし新兵訓練所で少しでも困難を感じたら、BUD/Sに出願するのを考えなおす必要がある。

基本的に、予備BUD/Sは、通常の新兵訓練所とBUD/Sのあいだのものすごい体力訓練の差を埋めるのを助けることになる。予備BUD/Sの数週間で、きみは限界を超えて圧力をかけられる。海軍はきみが最高で、もっともエリート戦闘部隊にくわわる価値があることをたしかめたがっているが、同時に肉体的能力を高める機会をきみにあたえることも望んでいる。悪いことはいわないから、覚悟しなさい。予備BUD/Sに行く前に、SEAL隊員になることがなにを意味するか、そして自分がなにに志願しようとしているかを完全に理解すること。

061

まちがってはいけないが、予備BUD/Sは、最低限の条件やPST、ASVAB、そしてC-SORTとまったく同じように、もうひとつの淘汰プロセスである。最適のレベルで予備BUD/Sをやり抜くことが、ほかのどの段階とも同じように重要なのだ。BUD/Sへ進むチャンスを得たかったら、これらの予備テストと段階をぜったいに軽く考えてはならない。わたしは新兵訓練所にいるあいだに毎日数時間使ってSEAL体力訓練（PT）をやることを強く推奨する。もし基礎新兵訓練所PTしかやらなければ、体力を維持できないだろう。

# 訓練、教育、そして配置

　これまでのところ、われわれは BUD/S に受け入れられるためだけに越えなければならないハードルのいくつかを検討してきた。きみは SEAL チームの歴史と、チームがあたえられる各種の任務について、いくらか知ることができた。SEAL 隊員になることは、チームの一員になることだ――これはどれほど強調しても足りない。しかし、きみ自身の個人的な貢献はどうなのか？　きみがチームにもたらせるような、きみが持っていて秀でているかもしれない技能一式あるいは専門知識は？

　海軍 SEAL 隊員として、きみは高等訓練や、多種多様な軍事訓

　練の専門知識を取得する機会をたくさん得るだろう。SEAL 隊員としてのキャリアのあいだに、きみは専門の学校に行って、上級爆破および突破、パラシュート整備員、懸垂降下指導員、ファストロープ指導員、自由降下指導員、開放および閉鎖呼吸回路式潜水の潜水作業管理者、先導登山員、サバイバル教官、そして狙撃手といった、いくつもの技能と特技で資格を得る。多くの SEAL 隊員は、そのキャリアを通して、こうした特技の大半を取得する機会を得る。たとえば、全 SEAL 隊員は、基本的な爆破を学ぶが、多くの者はさらに進んで、チームの爆破スペシャリストとなり、突破などのテクニックの上級訓練を受ける。きみは市街戦やジャングル戦、山岳戦、砂漠戦の訓練を受け、少数の者は好運にも北極地域での訓練さえ受けるかもしれない。

　下士官兵 SEAL 隊員は、SEAL チームか特殊運搬艇（SDV）チームに配属され、3 年から 5 年のこの勤務期間中とどまる。好みの任地――東海岸か西海岸――を要望することができ、海軍はそれが軍のニーズと一致するかぎりは、その要望をかなえるべく努力する。

　キャリアのさらに先では――8 年から 10 年後には――きみは BUD/S の教官になるか、それ以外の選り抜きの海軍あるいは統合軍の配置で勤務する資格を得られる。下士官兵にとって、きみのキャ

4 訓練、教育、そして配置

海軍 SEAL 狙撃手は、観測手に支援される。観測手は観測スコープで風向を判断し、銃弾がどこに命中するかを決定する。

註：軍の「幹部（スタッフ）」とは、部隊の管理、運用、兵站の要求に責任がある士官と下士官兵の一団である。

## SEAL 士官のキャリアの道のり

　士官と下士官兵は BUD/S と SQT（SEAL 資格訓練）をいっしょに体験し、いっしょに訓練され、活動し、生活し、戦う。ちがいは、士官が最終的に現場と作戦任務を退いてデスクワークにつくことだ——計画立案と戦略立案レベルに。士官として、きみは副指揮官配置で副小隊長になり、のちに指揮官配置で小隊長になる。

　士官は訓練を受けられる分野の選択権も持っているが、一般的に特殊爆破や戦闘医療、パラシュート整備といった下士官兵の特技は訓練しない。士官の3度目の勤務期間までに、彼は幹部あるいは語学学校あるいはカリフォルニア州モンテレーの海軍大学院での陸上勤務を割りあてられるか、あるいはロードアイランド州ニューポートの軍大学校に進むかもしれない。

　士官のキャリアには作戦指揮幕僚勤務がふくまれ、SEAL チームの指揮官になったり、海軍特殊作戦群あるいは海軍特殊戦開発群を指揮したり、あるいはなによりも、国防総省の幕僚や海軍の高級幹部の一員、戦域副指揮官、あるいは特殊作戦指揮官になる機会がある。

リアの大半は訓練と作戦を実施することでついやされることになるだろう。例外なく、きみは SEAL 隊員として、下士官兵あるいは士官の序列のなかで昇進する機会を得るだろう。

　軍のニーズ、きみの技能と業績、空いている任務と配置、そしてローテーション（任務と勤務期間の入れ替え）のタイミングはつねにきみのキャリアで考慮に入ることになる。

　さて、きみは基礎訓練を終え、あるいは必要な勤務期間をつとめ

あげ、SEAL チームといる以外にはきみがいたい場所はほかにどこにもない。だからいまや、きみは BUD/S に受け入れられる必要があるし、もし BUD/S をやり抜いたら、パラシュート降下学校と、それから SEAL 資格訓練（SQT）に進まねばならない。

そのすべての前に、きみは前章で触れた予備 BUD/S に行かなければならない――SEAL 予備、より公式には海軍特殊戦予備学校（NSW 予備）に。

もし NSW 予備の最終テストをパスしなかったら、きみは SEAL コースからはずされ、海軍のほかの配置に再分類される、それだけのことだ。もしきみが審査にパスできなければ、もっとずっと容赦ない BUD/S 訓練をやり抜くことはたぶん期待できない。

- 水泳 1000 メートル――足ヒレ付き（22 分以下）
- 腕立て伏せ：最低 70 回（時間制限 2 分）
- 懸垂：最低 10 回（制限時間なし）
- 腹筋運動（カールアップ）：最低 60 回（制限時間 2 分）
- 4 マイル走：シューズとパンツ姿で（31 分以下）

予備学校は体力ふるい分けテストで始まって終わる（テストをパスする最低限の基準は上記の補足欄を参照）。

水泳や基礎水中技能、筋力トレーニングとコンディショニング、ランニング、自重トレーニングをふくむ体力訓練とともに、候補生志望者は、栄養学や運動科学、けがの予防、休息と回復、心理的タフさの鍵、基礎軍事訓練を教わり、専門的能力の開発の教育を受ける。それ以外に教わるテーマは、軍の伝統、軍人の権利と責務、士気、福祉、そして休養、性的暴行、ハラスメント、親交、そして差別である。たぶんもっとも重要なことに、候補生は SEAL 精神を教わるだろう。「わたしはけっして失敗しない」という言葉で終わる指導的信念である。

**SEAL 隊の精神**

　戦時あるいは不安定な時代に、国家の要請にいつでも応じられる特別な戦士の種族がいる。並はずれた成功の欲をいだいた普通の人間だ。逆境できたえられた彼は、アメリカの最良の特殊作戦部隊と肩をならべて立ち、祖国とアメリカ国民に仕え、彼らの生きかたを守る。わたしはその男だ。

　わたしのトライデント章は名誉と伝統のシンボルだ。それは先達の英雄たちによって授与され、わたしが守ると誓った者たちの信頼を体現している。トライデント章を身につけることで、わたしは自分が選んだ職業と生きかたの責任を引き受ける。それはわたしが毎日獲得しなければならない特権だ。

　国とチームへのわたしの忠誠は一点の曇りもない。わたしは自分を守ることができない者たちをいつでも守る用意のできたアメリカ人同胞の守護者として謙虚に仕える。わたしは自分の仕事の性格を宣伝したり、自分の活動が認められることをもとめたりはしない。わたしは自分の職業に内在する危険を進んで受け入れ、自分より他者の幸福と安全を優先する。

　わたしは戦場内外で道義心を持って仕える。状況にかかわらず自分の感情と行動をコントロールする能力は、わたしを他者から際立たせる。妥協のない完全さがわたしの基準だ。わたしの気性と道義心は不動だ。わたしの言葉は契約と同じだ。

　われわれは統率し、統率される。命令がないときには、わたしは責任を引き受け、チームメイトを統率して、任務を完遂する。わたしはあらゆる状況で模範をしめして統率する。

　わたしはけっして屈しない。わたしは逆境でも耐えて目標を達成する。祖国はわたしに敵よりも肉体的に頑強で、精神的に強靭であることを期待している。もし倒されたら、わたしはそのたびにまた立ち上がる。残る力をありったけ使ってチームメイトを守り、われわれの任務を完遂する。わたしはけっして戦

いをやめない。

　われわれは規律をもとめる。われわれは革新を期待する。わたしのチームメイトの命とわれわれの任務の成功はわたしにかかっている——わたしの技術的な技量、戦術的な能力、そして細部への配慮に。わたしの訓練はけっして完結しない。

　われわれは戦争のために訓練され、勝つために戦う。わたしは自分の任務と、祖国が打ち立てた目標を達成するために、戦闘力をあますところなく発揮する準備ができている。わたしの任務の遂行は、わたしが守るために奉仕するまさにその原則によってもとめられ、なおみちびかれたとき、すばやく激しいだろう。

　勇者たちは戦って命を落とし、わたしが守らねばならない誇らしい伝統と恐るべき評判を築き上げた。最悪の状況でも、わたしのチームメイトたちの遺産は、わたしの決意を強固にし、わたしのあらゆる行ないをそっとみちびいてくれる。わたしはけっして失敗しない。

## かくしてきみは BUD/S にたどりついた（6 カ月以上）

　きみはついに BUD/S にたどりついた。いまやきみは人生の 6 カ月以上をカリフォルニア州コロナードの海軍特殊戦訓練センターで訓練に捧げることになる。最初の 5 週間は教化と予備訓練で、それから BUD/S の 3 つの段階を経験することになる。
　BUD/S はけっして楽ではないが、第 1 段階で経験する基礎作りの 8 週間が——なかでもランニングや水泳、障害物コース、ロープ登り、パドリング、山ほどの体力訓練と、中間点での〈地獄の週間〉が——BUD/S のもっともきびしい部分だ。
　〈地獄の週間〉は、きみの肉体的持久力とチームワーク、そして心理的回復力をためす。きみは濡れて寒いだろう。きみは睡眠を奪われ、くたびれはてるだろう。幻覚さえ起こすかもしれない。きみはほとんどの時間、不快な状態にあるだろう。そもそもなぜ SEAL 隊員になろうとしたりしたのだろうと疑問に思い、自分の正気を疑いさえするかもしれない。十中八九、きみの同期生の 3 人にふたりがやめるだろう。
　しかし、きみたちのうちの少数は、BUD/S の教官たちがぶつけ

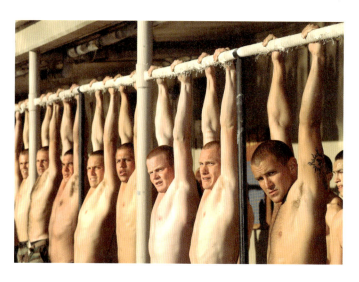

BUD/S 第 244 期の訓練生たちが、カリフォルニア州サンディエゴのコロナード海軍水陸両用戦基地で、朝のトレーニング・ルーティンの一環として懸垂を行なう準備をして、指示を待っている。

4 訓練、教育、そして配置

海岸越え訓練中にサンクレメンテ島で水を漕いで岸に上がる BUD/S 訓練生。
Credit: U.S. Navy photo by Mass Communication Specialist 2nd Class Kyle D. Gahlau.

コロナード海軍水陸両用戦基地における訓練の第 1 段階で、障害物コース演習中にウィーバー障害を抜ける BUD/S 訓練生。
Credit: U.S. Navy photo by Mass Communication Specialist 2nd Class Kyle D. Gahlau/Released.

071

BUD/Sの訓練生たちが、サンディエゴ湾で水泳のインターバル訓練に参加する準備している。水泳はBUD/Sの基礎オリエンテーション段階の一部である。
Credit: U.S. Navy photo by Mass Communication Specialist 2nd Class Trevor Welsh.

海洋航法訓練演習中、小型ゴムボート（IBS）で寄せ波をくぐり抜ける第1段階のBUD/S訓練生たち。
Credit: U.S. Navy photo by Mass Communication Specialist 2nd Class Shauntae Hinkle-Lymas.

4　訓練、教育、そして配置

サンディエゴ湾で水泳のインターバル・トレーニングに参加するBUD/S訓練生。
Credit: U.S. Navy photo by Mass Communication Specialist 2nd Class Trevor Welsh.

カリフォルニア州コロナードの訓練第1段階で、寄せ波通過演習に参加するBUD/S第279期の訓練生たち。
Credit: U.S. Navy photo by Lt. Frederick Martin/Released.

073

寄せ波通過訓練演習に参加するBUD/S第286期の訓練生たち。
Credit: U.S. Navy photo by Mass Communication Specialist 2nd Class Kyle D. Gahlau.

〈地獄の週間〉中、寄せ波通過演習でゴムボート（IBS）をゴールラインにいそいで運んでいくBUD/S訓練生。
Credit: U.S. Navy photo by Mass Communication Specialist 2nd Class Marcos T. Hernandez.

4　訓練、教育、そして配置

BUD/Sの教官が、水難救助の訓練中、もし水難事故の犠牲者が救助者にものすごい勢いでとびかかって来たら、「犠牲者」を救助するのがいかに困難になりうるかを、BUD/S第244期の訓練生にまさにしめそうとしている。
Credit: U.S. Navy photo by Photographer's Mate 3rd Class John DeCoursey.

第1段階の水泳テストの一環で、手足を縛られて100メートル泳ぐBUD/S訓練生。
Credit: U.S. Navy photo by Mass Communication Specialist 2nd Class Shauntae Hinkle-Lymas.

075

第 2 段階の教官たちが、戦闘訓練タンクで潜水したままスクーバ器材を交換する方法を学ぶ BUD/S 訓練生に目を光らせている。

コロナード海軍水陸両用戦基地で訓練の第 2 段階中に、夜間の器材交換に参加する BUD/S 第 287 期の訓練生たち。この訓練では、2 人の訓練生が水に入り、潜水機材を真っ黒にされたマスクと交換することになる。
Credit: U.S. Navy photo by Mass Communication Specialist 2nd Class Kyle D. Gahlau.

## 4 訓練、教育、そして配置

第2段階のBUD/S訓練生が、コロナード湾で潜水訓練に参加する前に、水中呼吸器具の通気や安全をチェックしている。潜水は訓練の第2段階中の8週間のコースである。
Credit: U.S. Navy photo by Mass Communication Specialist 2nd Class Shauntae Hinkle-Lymas.

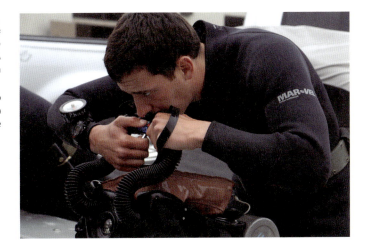

カリフォルニア州コロナード海軍水陸両用戦基地で訓練中、潜水負傷者の模擬訓練で信号を発するアメリカ海軍BUD/S訓練生。
Credit: U.S. Navy photo by Petty Officer 2nd Class Dominique M. Canales.

077

カリフォルニア州サンクレメンテ島でSEAL標準爆薬を起爆させるBUD/Sの第3段階の訓練生。
Credit: U.S. Navy photo by Mass Communication Specialist 2nd Class Blake Midnight.

コロナードで60フィート・タワーから懸垂降下するBUD/Sの第3段階の訓練生たち。さらに進んで海軍SEAL隊員になるこれらの訓練生にとって、これは彼らのキャリアでおとずれる数多くの懸垂降下の第1回目である。
Credit: U.S. Navy photo by Mass Communication Specialist 2nd Class Blake Midnight.

4　訓練、教育、そして配置

BUD/Sの第3段階の訓練生が、夜間実弾訓練中、射場でライフルを撃つ。BUD/Sの第3段階は、地上戦に焦点を当て、拳銃やライフル、爆破、戦術移動の訓練がふくまれる。
Credit: U.S. Navy photo by Mass Communication Specialist 2nd Class Blake R. Midnight.

基礎地上ナビゲーション訓練でコンパスを読み取るBUD/S訓練生。基礎地上ナビゲーションは訓練生に地図を読み取り、座標をプロットして、さまざまな地形を進む方法を教授する。
Credit: U.S. Navy photo by Mass Communication Specialist 2nd Class Dominique M. Lasco.

079

基礎地上ナビゲーション訓練中、いっしょに座標をプロットするBUD/S訓練生の一団。
Credit: U.S. Navy photo by Mass Communication Specialist 2nd Class Dominique M. Lasco.

## 4 訓練、教育、そして配置

てくるあらゆるものにめげずにやり抜くだろう。きみに必要なのは「苦痛を歓迎する」ことだけだ。

きみはいまやいつでも第2段階の準備ができている。

第2段階は8週間つづき、その期間にきみは開放および閉鎖呼吸回路式潜水を教わり、戦闘潜水員の基本的な技能を学ぶことになる。

第3段階は地上戦の9週間だ。この段階できみをじゃまするかもしれない唯一のものは、十中八九、潜水訓練中の学問上の問題か、地上戦訓練中の武器取り扱い適性の問題だ。

最後の8週間は、任務の計画立案、作戦、戦術、戦法、手順などの中核的業務を学ぶことに向けられる。いったんBUD/Sが終わると、候補生はジョージア州フォート・ベニングで3週間の基礎パラシュート訓練に参加する。

BUD/Sを修了したあと、きみはあこがれのSEAL隊員のトライデント章を着用する権利を得て、SEAL資格訓練（SQT）へと進む。

カリフォルニア州ナイランド近くの砂漠は、昼間および夜間の実弾演習に完璧な場所を提供する。
Credit: Photo by Photographer's Mate 1st Class (AW) Shane T. McCoy.

## BUD/S の各段階

### 第 1 段階——体力調整（8 週間）

- 砂地でのランニング
- 水泳——外海で足ヒレをつけて最大 2 マイル
- 自重トレーニング
- 時間制限障害物コース
- ブーツをはいて時間制限 4 マイル走
- 小艇操縦術
- 水路測量と海図作成
- 地獄の週間——第 1 段階の第 4 週（合計で 5 日半の連続訓練と 4 時間の睡眠）
- 水泳
- ランニング
- 寒さ、水濡れ、疲労に耐える
- 戦闘強襲ゴムボート（CRRC）で岩場の陸路輸送
- チームワーク！

### 第 2 段階——潜水（8 週間）

- 体力訓練の強度が上がる
- 戦闘潜水への集中
- 開放呼吸回路式（圧縮空気）スクーバ

- 閉鎖呼吸回路式（100パーセント酸素）スクーバ
- 長距離水中潜水
- 任務に焦点を当てた戦闘潜水と潜水技術

**第3段階——地上戦（9週間）**

- しだいに激しくなる体力訓練
- 武器訓練
- 爆破
- 小規模部隊戦術
- パトロール技術
- 懸垂降下とファストロープ運用
- 射撃術

## 地獄の週間

〈地獄の週間〉の寄せ波訓練演習中、BUD/S 同期の訓練生たちを支援する海軍 SEAL 教官。
Credit: U.S. Navy photo by Photographer's Mate 2nd Class Eric S. Logsdon.

　第 1 段階の第 4 週は、「地獄の週間」と呼ばれる。過酷でノンストップの精神的および肉体的トレーニングの訓練プログラムに耐えられず、大半の候補生が退場する（「要請により脱落」、略して DOR と呼ばれる）のは、この激しい 5 日半の期間だ。これはその目的のために特別に考案されている。海軍の経験によれば、BUD/S を成功裏に修了する SEAL 候補生にもっとも共通する特徴は、すぐれた身体能力ではなく、精神的強さと、もっとも重要なのは個人の決意である。失敗しないという精神構造を持って「地獄の週間」にのぞむ候補生は、5 日半の試練を生きのびる可能性が高い。
　「地獄の週間」は、第 1 段階の漸進的訓練プログラム（「進化」と呼ばれる）の延長だが、極端である。この 5 日半のあいだに、SEAL 候補生は、過去 3 週間と同じ筋力、耐久、チームワーク

# 4 訓練、教育、そして配置

〈地獄の週間〉中、丸太体力訓練を行なうBUD/S訓練生たち。〈地獄の週間〉中は、特別な鐘がつねに用意されている。もし訓練生がもう訓練をつづけたくないと決めたら、彼は鐘を鳴らすことができる。
Credit: U.S. Navy photo by Mass Communication Specialist 2nd Class Marcos T. Hernandez.

訓練を完了する任務をあたえられる。ゆっくりとした長距離ランニングと遠泳、連続した高負荷のランニングと水泳。低負荷運動と高負荷運動をくりかえすインターバルトレーニング、そしてチーム単位の耐久力訓練。

　SEAL候補生が完了しなければならない連続した訓練にくわえて、彼らはBUD/Sトレーナーからの容赦ない圧力にも耐えなければならない。トレーナーたちはSEAL訓練プログラムにたいする候補生の献身をつつき、疑問視して、疑いの種をまき、そうすることでSEALの精神を体現する覚悟のない候補生を取りのぞこうとする。候補生たちはこのあいだじゅうずっと、最大で4時間の睡眠しか許されないいっぽうで、200マイル近く走り、1日20時間訓練する任務をあたえられる。

　精神的肉体的強要や極端な気温と状況への露出、トレーナーたちのたえまない叱責をみごとに耐えた候補生だけが、第1段階のさらに先へ進むことを許される。SEAL訓練プログラムから退場する70パーセント以上の候補生のうち、57パーセントが第1段階とその恐るべき「地獄の週間」で発生する。

カリフォルニア州コロナードで〈地獄の週間〉中の戦闘シナリオ重視野戦訓練演習のホイッスル訓練で、衝撃に身がまえるBUD/S訓練生たち。
Credit: Navy photo by Mass Communication Specialist 2nd Class Marcos T. Hernandez.

4　訓練、教育、そして配置

コロナード海軍水陸両用戦基地で〈地獄の週間〉を修了した基礎水中処分/SEAL（BUD/S）第290期の訓練生たちを祝うBUD/S教官。
Credit: U.S. Navy photo by Mass Communication Specialist 2nd Class Kyle D. Gahlau.

〈地獄の週間〉をやり抜いたBUD/S訓練生たちが歓声を上げる。
Credit: Photo by Photographer's Mate 1st Class (AW) Shane T. McCoy.

アラスカ州コディアクで SEAL 資格訓練（SQT）の一環として、氷点近い温度の水で 5 分間すごす海軍 SEAL 隊員たちを、注意深く見守る寒冷地訓練教官。

海軍特殊戦 SEAL 資格訓練で、カリフォルニア州コロナードの海軍特殊戦センターの 60 フィート・タワーから懸垂降下するアメリカ海軍 SEAL 隊員。

4 訓練、教育、そして配置

2008年、カリフォルニア州キャンプ・ペンドルトンで、第268期のSEAL資格訓練学生たちが、射撃訓練中、射座間でバディ・キャリー（ファイヤーマンズ・キャリー）を行なう。
Credit: U.S. Navy photo by Mass Communication Specialist 2nd Class Michelle Kapica.

12日間の海洋作戦訓練中、海図に航行コースを記入したあとで、サンディエゴ湾でゴムボート（IBS）に乗るアメリカ海軍SEAL資格訓練学生たち。

089

2008年8月、カリフォルニア州キャンプ・ペンドルトンの海軍特殊戦センターで、特殊舟艇チーム12所属の特殊戦戦闘艇乗組員（SWCC）が、負傷者支援後送シナリオ中、負傷したチームメイトを治療する。
Credit: U.S. Navy photo by Mass Communication Specialist 2nd Class Michelle Kapica/Released.

サンディエゴ湾上空で定期訓練演習中、C-130軍用輸送機からパラシュート降下するSEAL資格訓練学生たち。
Credit: U.S. Navy photo by Mass Communication Specialist 2nd Class Dominique M. Lasco.

4 訓練、教育、そして配置

カリフォルニア州コロナード海岸沖で、海洋作戦訓練演習中、SEAL 資格訓練の学生たちが寄せ波を乗り切る。

緊急行動訓練を実施して、敵との接触時にチームの一員として対応する方法を学ぶ SEAL 資格訓練第 279 期の学生。
Credit: U.S. Navy photo by Mass Communication Specialist 3rd Class Blake Midnight.

091

SEAL資格訓練学生たちが、キャンプ・ペンドルトンで射距離100、200、300ヤードからの36発の射撃試験中に、狙いをつける。
Credit: U.S. Navy photo by Mass Communication Specialist 2nd Class Michelle Kapica.

SEAL資格訓練演習の一環で、潜在的脅威を探して室内をくまなく捜索するSEAL学生。
Credit: U.S. Navy photo by Mass Communication Specialist 2nd Class Christopher Menzie.

## SEAL 資格訓練（SQT）（26 週間）

　BUD/S の修了がきみにあたえる資格は、SEAL 隊員のトライデント章を得る権利だけだ。SEAL 隊員をあらゆる技能と任務の領域で高度の能力まで訓練するには約 5 年かかる。きみは家族と海軍を誇らしい気持ちにさせたが、いまやきみが配属された SEAL チームに申告して、SEAL 資格訓練（SQT）に参加するときだ。

　26 週間のコースは、きみを BUD/S の基本的な初等レベルからもっと高度な戦術訓練へと高めるだけ個々の技能を磨くことを目的としている。SQT は学生たちに彼らが SEAL 小隊にくわわるのに必要な中核的戦術知識をあたえることを目的としている。

　SQT は、任務の計画立案と情報の収集と報告の座学ではじまる。きみはそれから、SEAL 隊の任務を遂行するのに必要とされる主要な技能をきみに教えこむ訓練の一連の「ブロック」をはじめる。水路偵察、野戦医療、通信、戦闘水泳、航空技能、海洋作戦、地上

戦、そして潜水艦への収容と発進。

　航空週間には、きみは昼間と夜間の自動曳索降下と水上降下を実施するだろう。水上降下は、「ゴムのアヒル」（船外機と装備とともに航空機の後部からパラシュートをつけて投下されるゾディアック・ゴムボート）をともない、つづいて 6 名ほどの SEAL 隊員が水面までそのあとを追いかける。きみはファストロープ技術（手袋をはめた手だけで止めながらナイロンロープを 80 フィートすべり降りる）と懸垂降下技術を学ぶ。〈特殊潜入／離脱〉（SPIE）装備の手ほどきを受ける。これは起伏が激しいか、木が鬱蒼と茂っているためにヘリコプターが降りられない地域から、6 名から 8 名の SEAL 隊員を離脱させることができる手段である。

　戦闘泳者訓練では 25 回以上の昼および夜のコンパス潜水を実施し、基礎にはじまって、任務の全側面へと進んでいく。地上戦訓練は、通常、カリフォルニア州ナイランドの海軍特殊戦訓練施設かヴァージニア州ボウリング・グリーン近くのキャンプ・A・P・ヒルで行なわれる 3 週間のコースで、パトロールや忍び寄り、武器、軍事爆破、即製仕掛け爆弾製造における SEAL 隊員の技能を研ぎ澄ます。きみは実弾緊急行動演習に参加するだろう。演習ではチームはよく振りつけられた順序で射撃し、動きまわって、「戦闘の霧」

シナリオで能力を発揮する方法を学ぶ——しばしば夜間に、混乱と混沌を引き起こす反応型標的や打ち上げ式信号弾、発煙手榴弾を使って実施される演習だ。

　卒業前に、候補生は SERE（サバイバル・逃避・抵抗・脱出）訓練にも参加する。これは、模擬捕虜収容所と「拷問」シナリオがそろった、その名のとおりの訓練だ。

　きみは BUD/S と SQT を生きのびた。きみはいまや、家族と SEAL 隊先任指揮官——海軍特殊戦群と各 SEAL チームの指揮官と先任下士官アドバイザーたち——の出席のもと、海軍の制服姿で直立する。きみは海軍 SEAL 隊員だ——選ばれし少数のひとり、エリートのひとりで、きみはあこがれの海軍 SEAL 隊員のトライデント章を授与される。アメリカ軍でもっとも見分けやすい徽章のひとつを。チームでは、トライデント章は「バドワイザー」とも呼ばれている。

## SERE 訓練

　人生の大半を戦闘地域や「不穏な」場所へ旅してきたので、わたしには自分のサバイバル思考様式を、「生存者の意識」をたえず維持し、磨き、微調整するほかに選択肢はない。アメリカ本土に戻っても、そのスイッチを切る理由は見あたらない。われわれがみんな知っているように、わが国全体で脅威がうろつきまわっていて、その脅威は年々、増殖しているように思えるからだ。わたしは偏執症ではない。自分の周囲の状況を意識し、新たな脅威に対処する自分の訓練と能力に自信があるだけだ。

　SEAL 隊は常時危険な状況に立ち向かう――戦闘や敵対的環境での作戦、危険な訓練といったものに。SEAL 隊で頻繁に聞かれるであろう乾杯のあいさつは、「またしても死をまぬがれたことを祝して！」だ。SEAL 隊は、「戦闘思考様式」を持っているので、彼らがやることで大きな成功をおさめ、数多くの戦闘経験の集積と知識で武装している。SEAL 隊のもっとも初期の、もっとも有名な武器教官であるジェフ・クーパーはかつてこういった。「致命的な対決でもっとも重要なサバイバル手段は、武器でも武術の技量でもない。第 1 の手段は戦闘思考様式だ」

　SEAL 隊はサバイバル思考様式も持っていて、適切なサバイバル技術の知識で武装している。

　最初の SEAL チームが任務に就いたときから現在まで、彼らはひとりひとりが信頼でき、集団として規律が取れて高度の技量を持つことで名を上げてきた。彼らがやることに内在する危険ゆえに、SEAL 隊員たちは軍事専門家から世界一きびしい訓練と見なされるものを経験する――基礎水中処分 /SEAL 訓練（BUD/S）を。

　BUD/S では、訓練生は「戦闘思考様式」を「サバイバル

思考様式」とともに発達させる。しかし、彼らは実際には「サバイバル訓練」を経験しない。サバイバル訓練は通常、海軍サバイバル・逃避・抵抗・脱出（SERE）学校ではじまるのだ。

　BUD/S の第 120 期を卒業したばかりの若い海軍 SEAL 隊員だったわたしは、ヴェトナム戦争時代の SEAL 隊員から、もし SEAL 隊員が戦時に捕虜になったら、首を斬られるか、生きたまま皮を剥がれる可能性が大いにあると聞かされた。わたしはただちにカリフォルニア州ワーナー・スプリングズで行なわれる SERE コースに参加を志願した。

　わたしは自分のサバイバル訓練を真剣に受け止めた。われわれは地上ナビゲーションや有毒な植物と食べられる植物、有毒な動物や昆虫と食べられる動物や昆虫、水の調達、火起こし、シェルター作り、そして逃避と脱出の技術の基礎訓練をいくつかほどこされた。

　これらの訓練科目が終わると、われわれは砂漠で降ろされ、自力で食料と水を調達しながら、安全な地域へと移動し、「敵」との接触を避けようとした。

　わたしはとても運がよかった。われわれは全員空腹で、なにか食べるものを探していた。ウチワサボテンで水分を摂り、食べられる植物を探した。わたしはたまたま小さな兎が茂みの下を走るのを目にした。わたしは当たってくれたらいいぐらいの気持ちで〈ケイバー〉・ナイフをそれに投げつけた。驚いたことに、ナイフは兎の首を地面に釘づけにした。わたしは皮を剥いで、チームのために兎のシチューを作った。われわれのコースには 20 名以上がいた。皮を剥いだあとで、われわれは兎がどれほど小さいか、どれほど少ない肉しかついていないかに気づいた。食べられる植物と兎を入れたシチューは結局、ほとんどお湯と同じ味がした。われわれには食料がもっとたくさん必要だった。そのときわたしはサバイバルと水および食料の入手の適切な訓練を受けることがいかに重要かに気づいた。

SERE学校は最終的に参加者全員が捕虜になるように考えられている。わたしは捕まると、縛られて、目かくしをされ、「敵」のジープ型車に乗せられた。全員本物そっくりの共産軍の服装に身をつつんだ教官たちは「役」になりきって、冷戦時代のロシア語なまりで命令を怒鳴った。

　わたしはこの訓練が重要だと思っていたので真剣にやった。わたしを捕らえた相手はジープ型車から降りて、わたしを彼の唯一の通信手段であるPRC-77無線機といっしょに置き去りにした。わたしは縛られた手を体の前に持ってきて、無線機を取り、車の下に投げこむことができた。わたしはさらにナイフとライターをブーツに隠していた。

　われわれは最終的に戦時捕虜訓練収容所へと車で運ばれた。柵で囲まれた区域では、敵の看守がほかの「捕虜たち」を尋問し、壁に叩きつけ、裸で立たせて屈辱をあたえながら、質問を浴びせかけ、顔をひっぱたいた。看守と尋問官たちは、捕虜から情報を得るのに使う、じつに効果的な多種多様のテクニックを持っていた。

　きびしくない監房では、人はしばしば、きれいな女性か紳士的な看守がいる暖かいオフィスに呼び入れられる。彼らはほかの看守がどんなに意地悪か知っていて、温かいコーヒーや軽食、ときには暖かくて乾いた衣類さえも提供してくれる。これはきびしい監房の尋問と正反対だ。

　彼らはきびしい監房で多くの捕虜をくじけさせるのに成功し、驚くことに、こうしたきびしくない監房の尋問でも、多くの者がもっと親切で紳士的な看守に情報をあたえた。

　軍人は捕らわれているあいだ、最善をつくして指揮系統にしたがう。階級がいちばん高い捕虜が普通、グループの責任者となる。しかし、通常は彼らを捕らえている敵に知られることなく、捕虜のひとりが捕虜の脱走を手配する責任者となる。最上級の捕虜はしばしば仲間の捕虜を選んで、「脱走の秘密指揮

官」にすることになる。仲間の捕虜たちを自由にするためになんでもできることをするのが、この人物の仕事だ。
　わたしのSERE訓練では、わたしは唯一のSEAL隊員だった。ほかの生徒はパイロットか航空機搭乗員だった。だからわたしが脱走の秘密指揮官に選ばれた。わたしはたぶんこの責任に少しばかり入れ込みすぎた。わたしは縦3フィート、横3フィートの監房からなんとか抜けだして、数多くのこころみのすえに、収容所内部を照らす電灯を全部割ることに成功した。これをやり遂げるには、監房からこっそり出たり入ったりして、看守が見えないときだけ岩を投げつけるので、何時間もかかった。さらにわたしはほかのすべての監房に忍びこみ、麻袋を持ちだした。われわれは監房にいるあいだ、左脚を右脚の上にして床にあぐらをかき、麻袋を頭からかぶることになっていた。監房の檻は心地よいというには少し小さく作られていたので、われわれの頭は横にかたむけられていた。
　看守は監房を通りすぎるとき、天井を叩き、捕虜は「戦争の豚4号、はい！」と申告することになっていた。人は昼も夜もこの点呼が各自の監房から叫ばれるのを聞くことになる。こつは、点呼のあとに監房から出て、つぎの点呼前に戻るようにすることだった。麻袋を柵の並びまで運んでいって隠すために出かけたうちの1回で、戦争の豚8号は点呼に答え、7号も6号も5号も同様だったが、戦争の豚4号はいなかった。わたしはほかの捕虜の監房に忍びこんだ。監房はぎゅう詰めで、監房の主は、もし自分が収容所の規則をやぶっているほかの捕虜を助けているところを看守に見つかったら、「拷問」されると死ぬほどおびえていた。
　コースが進むと、わたしは仲間の捕虜のいかに多くが実際に精神的に参ることに驚いた。なかには自分が本当に敵の捕虜収容所にいると信じこんでしまう者もいた。精神的に参って泣きだす者もいた。訓練は真に迫り、効果的だった。

ある寒さ厳しい朝、われわれは全員、四つん這いにさせられ、土にハンマーと鎌を描かねばならなかった。われわれの体は疲れはて、喉は渇き、衰弱していたが、大部分は全員が最善をつくして、看守の注意を引かないようにつとめた。もっとも敵対的な看守のひとりは、アメリカがいかにひどく、わが国の指導者はいかに腐敗し、われわれは彼らがもとめている情報をただ白状するだけの機会をあたえられてじつに好運であることを、拡声器で訴えていた。すべてはじつに単純に思えた——一部の者には。何人もの捕虜が白状した——もとめられる情報をすべてあたえ、見返りに温かい飲み物や食事、衣類をもらった。裸かほとんど服を着ておらず、土の上を這いまわる、われわれの残りは、兵士が反米プロパガンダをがなり立てるのをむりやり聞かされた。

彼らは悪名高い水責めの尋問でわれわれを脅した。彼らは、溺れる感じがどんなに恐ろしいものか、地面から4フィートほどの高さにある板の根元に足を縛りつけられ、地上近くの高さにある頭には冷たい布切れを口にかぶせられてから、布切れと口と鼻に水をそそがれると、われわれがどのように息を詰まらせ、むせるかを説明した。

人生の大半のことと同様、これは人が思わせるほどひどいものではなかった。わたしは結局、水責めを30分以上耐えぬいた栄誉を得た。最初、プロパガンダを全部がなり立てていた看守がメガホンでたずねた。「脱出を手配しているのはだれだ? われわれは、収容所からおまえたち豚どもの7人をなんとか逃げださせる手配をしている脱走の秘密指揮官がいることを知っている。秘密脱走指揮官がだれか教えなければ、おまえたち全員を水責めにかけて、おまえたちが自分の反吐で窒息するのを見て楽しむことになるぞ」彼は土のハンマーと鎌のところへ歩いていって、いちばん小柄な捕虜のひとりをつかむと、水責めの板の横につれていった。彼はそのおびえた尉官にいっ

101

た。「おまえにはあと1回のチャンスがある——おまえたち全員をこの収容所から逃げださせようとしているのはだれだ?」

　尉官は降参しなかったのでわたしは感心した。しかし、彼らが彼を持ち上げて、水責めの板に縛りつけだすと、彼は取り乱して叫んだ。「あの SEAL 隊員だ。SEAL 隊員がほかの捕虜を収容所から逃げださせようとしている。彼は柵に穴をあけて、チャンスがありしだい人々をこっそり抜けださせるつもりだ」

　そこで看守たちはやってきて、わたしを土から拾い上げ、水責めの板に縛りつけた。それは不愉快だったが、わたしはじきに、自分が咳きこんで息を詰まらせれば詰まらせるほど、彼らがわたしの口にそそぎこむ水の量は少なくなることに気づいた。彼らは水責めのあいまに尋問しようとした。しかし、訓練で教わったように、われわれは名前と階級と社会保障番号以外はなにも白状したりしない。そして、わたしはぜったいに自分が SEAL 隊員だとか、あるいは彼らがわたしを呼ぶところの「赤ん坊殺し」だとか認めるつもりはなかった。

　われわれは命か四肢を失う危険がある場合のみ尋問官に追加の情報をあたえることができた。彼らの質問にどう答え、どう答えないかは、科学というより芸術だった。わたしは自分が罰を受けてもいっさい情報をあかさなかったことが誇らしかった。それは勝利であり、わたしは彼らを打ち負かした。

　しばらくしてわれわれは全員、監房にまたぶちこまれた。その日の午後、看守がふたりやって来て、わたしを監房から引きずりだし、学校長のオフィスへ連行した。わたしはなにかでトラブルに巻きこまれていた。彼らはわたしを壁ぎわに押しやると、気をつけをしろと命じた。学校長がオフィスに入ってきて、わたしの目の前に立つと、わたしの目を直接のぞきこんでこういった。「おまえはほかの捕虜を脱走させるつもりか?」

「いいえ」

「わたしの PRC777 はどこだ?」

「知りません」
「ほかの麻袋はどこだ？」
「知りません」
「おまえが電灯を割ったのか？」
「いいえ」
「わたしは真実を知る必要があるんだ」

　わたしがあたえたのは名前と階級、そして社会保障番号だけだった。学校長はしだいにいらいらしだした。彼は役を逸脱していて、わたしは役を演じつづけた。彼はSEREコースの監督者として本当にこれらの答えを知る必要があった。わたしは役を演じつづけ、自分の訓練を真剣に受け止める必要があった。最終的に彼はわたしと握手してこういった。「きみはこの期の名誉卒業生に選ばれているんだよ。わたしはいつでもきみと戦争に行くつもりだがね、わたしの質問の答えを知る必要があるんだ」

　コースは終了した。わたしは学校長に彼が知る必要のあることを教え、彼はコースの終了をしめすためにわたしにアメリカ国旗を掲揚してもらいたいといった。それは名誉なことで、わたしはこのコースを修了できてじつに誇らしかった。

　学校長の名前はゲイザー大佐だった。ゲイザー大佐はヴェトナム戦争で捕虜生活を生きのびたアメリカの英雄である。

*The U.S.Navy SEAL Survival Handbook* より

# 旅のはじまり

　きみの制服にトライデント章が留められ、きみが自分の達成したことに誇らしい気持ちでいっぱいになったとき——きみは SEAL 隊員としてのキャリアのスタート地点に立ったにすぎない。きみの前途には、さらに高度な訓練と配置、派遣勤務が待ち受けている。

**高等訓練**

　天文物理学者であろうがヨガ行者であろうが、オリンピックの運動選手であろうがミュージシャンであろうが、外科医であろうがノーベル賞受賞作家であろうが、その分野あるいは領域で最高の人間には、ひとつの共通点がある——彼らは自分がやっていることについて知るべきことはすべて知っているとぜったいに信じていないのだ。彼らはつねに自分を生徒と考え、それぞれの技術をマスターしていても、つねに学んでいる。SEAL 隊員たちはその全キャリアのあいだ学生でありつづける。訓練はけっして終わらない。
　SEAL 新隊員としてのきみの最初の任地は、ヴァージニア州ヴァージニア・ビーチか、カリフォルニア州コロナードか、あるいはフロリダ州パナマ・シティで SDV チームにくわわるかだろう。もしきみが衛生の特技を持つ下士官兵 SEAL 隊員、つまり医療の訓練を受けた、あるいは経験を持っているなら、特殊作戦 SEAL 衛生員になるため、6 カ月の高等衛生訓練コースのためにノースカロライナ州フォート・ブラックに出頭する。

105

特殊作戦市街戦訓練に参加中、事後ブリーフィングのためにひと休みするアメリカ海軍SEAL隊の1分隊。訓練演習は、特殊作戦員たちに、昼間および夜間作戦時の都市環境と戦術的機動を習熟させる。

　士官コースのSEAL隊員は、まず下級士官訓練コースに出席して、作戦計画立案とチーム・ブリーフィングのやりかたを学ばねばならない。

## 派遣前の事前訓練

　配属されたSEALあるいはSDVチームに出頭したら、きみは「派遣前の事前訓練」とも呼ばれる高等訓練のために、小隊に合流することになる。事前訓練は3段階に分かれ、合計でおよそ18カ月つづく。第1段階では、きみは特技訓練を受ける。そのなかには外国語学習、SEAL戦術通信、軍事パラシュート自由降下、爆破突破、あるいは狙撃訓練がふくまれる可能性がある。
　この期間中、士官や上級下士官などのもっと経験豊富なSEAL隊員が、特別な才能や技能についてきみを評価することになる。

5 旅のはじまり

　SEAL運搬艇（SDV）は有人潜水艇で、特殊作戦任務のためにアメリカ海軍SEAL隊員とその装備を運ぶために使用される泳者運搬艇の一種である。SDVは主として、敵対勢力が占拠する地域、あるいは軍事行動が関心と抗議をまねくであろう立ち入り禁止地域にたいする、非公然あるいは秘密任務に使用される。

大西洋の訓練演習で、ロサンゼルス級攻撃潜水艦USSフィラデルフィアの甲板上のドライ・デッキ・シェルターから、チームのSEAL運搬艇の1隻を発進させる準備をする、SEAL運搬艇チーム2（SDVT-2）の隊員。

107

「戦闘の目的は勝つことだ。剣は楯より重要であり、技能はそのどちらよりも重要だ。最後の武器は頭脳であり、それ以外のものはすべて補足である」

——ジョン・スタインベック

　先に触れたように、SEAL隊とその先駆者たちは、アメリカ軍の歴史上で屈指の困難な作戦をまかされてきた。海軍はつねに、その作戦員たちが彼らに課せられるきびしい要求にこたえるために、最高の身体的状態にあり、戦闘をはじめとする技能を豊富に持っていることを要求してきた。

　朝鮮戦争では、初期の水中処分チーム（UDT）が朝鮮半島沿岸の鉄道トンネルや橋梁に爆破強襲を仕掛け、掃海活動を支援し、海岸および河川の偵察を遂行し、敵戦線の後方にゲリラを潜入させた。

　1962年、SEALチームが創設され、UDTの隊員によって編成された。SEAL隊の任務は海洋および河川環境で対ゲリラ戦と隠密作戦を実施することだった。SEAL隊のヴェトナム戦争への関与は、彼らが任務についた直後にはじまった。1983年、すべてのUDTはSEALチームか泳者運搬艇チームに改称された。

　海軍特殊戦（NSW）部隊はそれ以来、1983年のグレナダ、1987〜1990年のペルシャ湾、1989〜1990年のパナマ、1990〜1991年のペルシャ湾に参加し、アフガニスタンやボスニア、ハイチ、イラク、リベリア、ソマリアなどで数知れない任務を遂行してきた。

　〈イラクの自由〉作戦では、海軍特殊戦部隊はその歴史上最大の人数のSEAL隊員を派遣した。SEAL隊員は、数多くの特殊偵察や、南部の石油施設の確保、水路の掃海、高価値目標の拘束、疑われる化学・生物・放射性物質兵器施設への強襲、そして第二次世界大戦以来初の戦時捕虜救出といった直接行動作戦に関与した。

　アメリカ海軍SEAL隊は、地球上でもっともタフであるだけでなく、もっとも万能で強壮で危険な戦士だと見なされている。海軍SEAL隊員は驚くほど強壮でなければならないだけでなく、地球が用意しているにちがいないどんな条件でも、あらゆる環境で、敵地

あるいは敵対的地形へパラシュート降下したり、荒海で泳いだり、冷たい水に潜ったり、潜水艦や小艇や固定翼機やヘリコプターから発進して海洋作戦を実施したりといった活動ができなければならない。彼らは極地や山地、砂漠、ジャングル地形で活動する。基本的に海軍 SEAL 隊員は世界中のどこでも効果的に活動でき、軍が用意するにちがいないあらゆる可能な手段で作戦地域（AO）に潜入し、離脱できる。

　SEAL 隊員がチームにもたらすことができるいかなる技能や専門知識もきわめて重要になりうる。SEAL 隊員のなかには、ほんの数例を挙げれば、ロッククライミングや登山、緊急医療、事故回避運転術、小型船舶操縦、サルベージ潜水あるいは深海潜水、軽飛行機操縦、機械、工学、建設、コンピューター、写真、武器、言語、外国の知識、軍事史といったものに広範囲の経験を持ってチームにやって来る者もいる。

　わたしがチームにもたらした専門知識は、わたしが負傷者を手当てする経験をかなり持った救命士だったことだ。わたしは登山家でロッククライマーでもあり、これはわれわれが登山やロッククライミングに出かけたときや、石油掘削装置や船舶、建物によじ登る演習では有用だった。

　わたしは SEAL 隊員として、われわれが維持する必要のある SEAL 隊の技能のすべてに広範囲な経験を得た。わたしはさらに、高性能兵器および外国製兵器、狙撃、近接格闘（CQC）、近接戦闘（CQB）、機械的突破および爆破突破、高等爆破、隠密突入、高等潜水、降下指導員、潜水作業管理者、高脅威身辺警護（PSD）、高等戦闘医療、そして言語（ドイツ語とスペイン語）で多くの高等教育および訓練を受けた。

　きみの訓練は、きみが自分の小隊の不可欠な一員をつとめるのに必要な資格と称号をあたえる。きみはそれぞれの特技を訓練された仲間の SEAL 隊員たちとともに、効果的な作戦行動が可能な戦闘チームになるだろう。

　つぎは部隊規模の訓練の番だ。ここではきみときみの小隊は、中

わたしは人命救助の技能を持っていることに大きな誇りをいだいていた。海軍暮らしのあいだじゅうずっと、わたしはしばしば正しいときに正しい場所にいて、数知れない人命を救うための正しい技能を持っていた。わたしは救命救急医療を必要とする者たちに救命援助を提供するのが本当に好きだった。
　アメリカがパナマに侵攻して数日後、われわれは運河のカリブ海側に出頭するよう命じられた。そこではアメリカ陸軍が一隻のパナマ漁船を攻撃して、乗っていた全員を殺害していた。
　われわれは交戦からおよそ24時間後、うだるように暑い日の正午ごろに到着した。
　爆発物処理（EOD）チームがすでに爆発物を探して漁船を捜索していたが、日差しのなかで腐敗しつつある船長とパナマ国防軍兵士6名の遺体は撤去されていなかった。臭いは想像できるように胸が悪くなるほどだった。
　われわれは60フィートの船を清掃して、港まで曳航する命令を受けていた。船長は大口径弾で頭を撃たれていた。彼の頭で残っていたのは、アフロヘアのほんの一部だけだった。蛆が脳の残された部分を食いつくそうとしていた。彼の後ろでは大きな血の染みが船室の壁に広がっていた。
　わたしはのちに近接戦で隊員を訓練したときこれを役立てた。船長は金属の壁のとなりに立っていたので、銃弾が平らな壁面で跳ねて彼に命中したのが容易に見て取れた。だから、戦闘中は硬い表面に近寄ってはならない。
　わたしは部隊等最先任上級上等兵曹と上級兵曹長、そしていっしょにいる特殊舟艇隊SBU-26の連中にいった。「遺体は船外に投棄する。マリファナやコカインなどの麻薬は、全部山積みにしろ。情報となりうるように見えるものはなんでも、ここに持ってこい」
　われわれはマリファナの一部を水に投げ捨て、魚がそれを味

わうのを見守った。
　SBU-26の連中が〈ライゾール〉で船を掃除して殺菌するあいだに、上級兵曹長と最先任上級上等兵曹は、船が輸送に適した状態になるように機関および機械の作業を行なっていた。船体と推進器軸、推進器を点検して、船底が攻撃で損害をこうむっていないか確かめるのはわたしの役目だった。
　海軍では通常、バディといっしょに潜水する。しかし、この船体点検潜水をするのはわたしだけだった。そこでわたしは潜水スーツを身に着け、梯子を降りはじめてから、最先任上級に、
「もしなにかでわたしが必要になったら、甲板を3回叩いてくれたら浮上するからな」といった。
　最先任上級は小さなパイプのようなものを取って、船の甲板に叩きつけた。
「これでどうです？」と彼はたずねた。
「すばらしい」
　わたしの潜水は40分程度を要した。船体や推進器軸、推進器にあきらかな損傷はなく、わたしは叩く音を聞いていなかったが、最先任上級は実際には船を少し叩いてまわって、状態を調べていた。
　わたしが浮上したあとすぐに、われわれは大きなGPL（汎用大型）テントを船から30メートルほど離れて設営した。テントの向こう側には、船から50メートルほど離れて、大きな金属製のごみ収集箱があった。われわれの後ろには、陸軍ジャングル・サバイバル学校に隣接して消防署があった。
　われわれは遠くのほうで散発的な銃声やロケットの爆発音を聞いていた。
　テントを設営すると、わたしは、「みんな、あの血だらけの制服をごみ箱に捨てて、それからひと休みしろ。おまえたちは働きづめだったからな」
　その数分後、陸軍の連中が3名、われわれのPB（パトロー

ル艇)のほうにやって来た——マーク・マイズナー大尉と、少佐、そして下士官だ。

マイズナー大尉はたずねた。「きみたちが捨てているやつ、その制服をもらってもいいかな？　われわれは戦争博物館をはじめようと思っているんでね」

最先任上級はいった。「もちろん。ご自由に」

マイズナー大尉と下士官はごみ箱に飛びこんで、少佐にものを手渡しはじめた。それから下士官が外に出た。

その日のどこかで、最先任上級が船の甲板を叩き、そのあと船中で状態を調べてまわるのに使ったあのパイプは、ごみ箱に行きついていた。

わたしは2145時ごろにテント内で座っていたとき、すさまじい爆発音を聞いた。

マーク・マイズナー大尉がパイプを拾い上げようとかがんでいたところ、それが爆発したのだ。どうやら実際にはRPGロケットの実弾だったらしい。

テント内のわれわれ全員が武器をつかんだ。わたしは暗闇のなかで外に駆けだし、ごみがそこらじゅうに散らばっているのを目にした。

少佐と下士官が叫んでいた。「助けてくれ！　助けを呼んでくれ！」

われわれは全員、一線装備と二線装備を——武器もふくむ——折りたたみ式ベッドの横に置いていて、わたしはSF（特殊部隊）救急キットを持っていた。それはわたしの二線装備の一部だった。わたしは医療的緊急事態で戦闘衛生員がやるよう訓練されることをやった。まず現場が安全であることを確立する。

少佐と下士官は叫んでいたが、負傷していなかった。

マイズナー大尉はごみ箱の外で地面に横たわり、これ以上ないほど死んでいるように見えた。左の下肢は膝の上まで、100

メートル吹き飛ばされていた。右手と、左手の大部分は、なくなっていた。両目は眼窩から視神経でぶら下がっている。そして無数の弾片が彼の顔と体に突き刺さっていた。

　わたしが受けた戦闘医療訓練のすべてが即座に働きだした。わたしは彼の胸を見つめ、耳をすまして、彼の口と鼻から呼吸している痕跡があるかどうかをたしかめた。彼の胸がかろうじて持ち上がるのが見えた。それはつまり彼には気道があって、まだ呼吸しているということだ。彼の左上腕部には大きな動脈の創傷があり、真新しい鮮血が噴きだしていた。わたしはそれを手でおおってから、止血パッチを当てた。

　左の大腿骨は完全にむき出しになっていた。しかし、こういう外傷性の切断では、血管が収縮してふさがるので、出血は最小限だった。

　少佐はわたしのかたわらにひざまずいていた。下士官と何名かの陸軍レインジャー隊員、そしてSBU（特殊舟艇隊）員全員が、熱心にわたしに手を貸そうと申しでた。

　わたしはSF救急バッグを開いて——それはワンデー・バックパックより少し大きい——指示を出しはじめた。

　わたしはいった。「きみ。この〈カーレックス〉包帯を取って、あの足に巻きつけるんだ」

「きみ。あの腕に巻くんだ」

　わたしは始終、大尉に話しかけ、たずねた。「大尉、われわれがしっかりとあなたの手当てをしますからね、なにも心配する必要はありませんよ、わたしの仲間たちが手に包帯を巻きますからね」などなど。

　重傷では、患者におだやかに話しかける必要がある。聴力は死ぬ前に最後に失われる感覚だからだ。患者が反応しなくても、患者が聞いていることで、さらに深いショック段階に入るのを防ぐ可能性がある。患者が生きのびられない不運な場合でも、すくなくとも患者が聞く最後のものは、親切でほっとさせ

るような声である。
　外傷患者の例にもれず、わたしは大尉のAVPUスケールをたえずモニターしていた——これもまた〈山羊実験室〉(訳註：外傷訓練の俗称で、生きた山羊を使って外傷治療を実地訓練していたことに由来する)からの偉大な教訓だ。AVPU(意識清明、呼びかけに反応、痛みに反応、反応なし)は生体信号を評価する手段である。もし人が意識清明なら、おおよその時刻と日付、自分の名前、事故を引き起こしたものを知っている。その場合、わたしは「意識清明1545時」などと頭のなかでメモするか、だれかに記録するようたのむ。
　患者が呼びかけに反応しかできなければ、一段低いスケールにいる。いいかえれば、「だいじょうぶですか？」
「はい」
　この下の段階が「痛みに反応」——痛刺激への反応だ。たとえば、副木や静脈注射を処置するとき患者がうめく声が聞こえるかもしれない。わたしが患者の耳を引っぱったり、中指の関節で胸骨をこすったりして、反応するかたしかめたりするかもしれない。
　死以外の最悪のケースは、犠牲者が声にも苦痛にも「反応なし」の場合だ。
　最初、マイズナー大尉は完全に反応がなかった。わたしは彼の耳を引っぱり、胸骨をこすったが、反応なしだった。
　わたしは彼の気道をたえずモニターしていた。出血や嘔吐、粘液、折れた骨、歯、あるいは腫脹でいつなんどきふさがりかねなかったからだ。患者が最初の評価のとき気道があったからといって、それが治療中にふさがらないということにはならない。
　マイズナー大尉には気道があり、われわれは出血の大半を止めていた。いまやわたしはできるだけすばやく体液を得る必要があった。彼は大量の血を失っていたので、補充輸液が必要

だった——乳酸リンゲル液だ。しかし、彼の四肢はすべて負傷していたので、わたしは良好な血管を見つけるのにひどく苦労した。やっといいほうの腕に太い静脈内注射を2本打つことに成功し、4000CCの乳酸リンゲル液を投与した。

20分以内に、わたしはSF救急キットの中身をすべて使いはたしていた。

大尉の心拍数は毎分110回以上だった。彼の心臓がこんなに速く打っていたのは、彼の脳がもっと酸素をもとめていたからだ。

もし彼の心拍数が110回、呼吸が20回で、その3分後にわたしが調べて、心拍数が130回、呼吸が30回だとしたら、その2分後には160回と40回に増加する——これはなにかがひどくおかしいということで、わたしがすぐさまそれを正さなければ、大尉は死ぬだろう。

マイスナー大尉を殺しかけていたものは、あらゆる出血箇所だった。われわれはそれを全部止めていたので、彼の心拍数と呼吸は安定しはじめた。それから彼はうめいて、少し動きまわりはじめた。彼はU（反応なし）から、P（痛みに反応）に進んでいた。正しい方向への一歩だ。彼の心拍は強くなり、呼吸も深くなりつつあった。

突然、彼はささやき声でたずねた。「なあ、なにがあったんだ？」

わたしはいった。「あなたの名前は？」

「マーク・マイズナー大尉」

「いまなにが起きたかわかりますか？」

「いや、だがわたしは懐中電灯を拾いに行った」

それで彼がごみ箱のなかでロケット弾の実弾を見かけて、取りに行ったことがわかった。

彼はたずねた。「なぜ目が見えないんだ？」

わたしは衛生隊員として、〝あなたの目が顔にぶら下がって

いるからですよ、とはいえなかった。
　彼をできるだけ心安らかにしておくのが、わたしの仕事だった。
　わたしはいった。「あなたはよくなりますよ、大尉」
　彼はたずねた。「なぜ手を感じられないんだ？」
　わたしはいった。「検査してみます。たったいま医療後送を要請しましたから」
　爆発が起きてから30分が経過していた。医療後送は永遠にかかるように思われた。
　マイズナー大尉はたずねた。「なぜ足を感じられないんだ？」
　彼は自分の状態について実際に冗談を飛ばすほどになった。彼はいった。「すくなくとも、わたしにまだ金玉がついていたら、うちの女房はつれかえってくれるだろうさ」
　この男の勇気はまったく驚くほどだった。
　わたしはマイズナー大尉の横に移動して、わたしが知らない男に大尉の頭をささえるのをまかせていた。外傷性負傷の場合には、つねにそうする必要がある。患者の頭部あるいは首あるいは脊椎の損傷の可能性があるからだ。
　わたしは男が大尉の頭を動かしはじめるのを見て、きっぱりといった。「彼の頭を動かすんじゃない！」
　「だいじょうぶだ」と男は答えた。「わたしは陸軍の軍医だ」
　「ほう、もしあんたが軍医なら、なぜわたしがこれを全部やっているんです？」
　陸軍軍医はいった。「彼の首は折れていないよ。わたしにはわかる」
　「あんたはエックス線の指を持っているわけじゃない」とわたしはやり返した。「だからわかるわけがない。彼の頭をじっとささえていなさい」
　45分後、医療後送チームが到着して、マイズナー大尉を運び去った。彼は結局、テキサス州の陸軍火傷センターで治療を

受けることになった。
　のちに彼はわたしに一通の手紙を送ってよこした。それによれば、彼は片目を失ったが、もう片方の目は部分的に見えた。彼は義足を装着された。外科医たちは彼の足の爪先を切除して、それを彼の手に移植し、彼は片手に反対方向の圧力を得られるようになった。それはつまり、彼が物体をつかんで、持ち上げられるということだ。
　この経験は重要な教えを強調するものだった。むごたらしい傷を負っただれかを見てもパニックを起こしてはならない。冷静さをたもって、訓練されたとおりに治療をつづけるのだ。
　のちに陸軍は調査を行なった。彼らは3発のLAAWロケット弾が漁船に発射され、EODの連中は2発しか回収しなかったことをつきとめた。
　こうして話はひとつにまとまった。そして、わたしはマーク・マイズナー大尉が生きのびたことを謹んで報告する。なにを隠そう、われわれの家族は昨年、クリスマスのディナーとともにした。われわれは生涯の絆を結んだのだ。
　　　　　　　　　　　*Inside SEAL Team Six* からの抜粋

**個別高等訓練コースと学校（部分リスト）**

- 狙撃手、斥候／狙撃手
- 上級近接格闘／突破員（障害物突破／突入手段）
- 隠密突入（機械的および電子的回避）
- NSWCFC（海軍特殊戦コンバット・ファイティング・コース）
- 高等特殊作戦
- 技術的監視作戦
- 高等潜水技能（防衛的、集合、身辺警護）
- 登山／ロープ技能
- 高等航空作戦：降下指導員あるいはパラシュート整備員
- 潜水作業管理者あるいは潜水器整備 - 修理
- 射場安全担当者
- 高等爆破
- 高脅威身辺警護（PSD）――（アメリカ／外国国家元首あるいは高価値容疑者）
- 教官学校と上級訓練スペシャリスト
- 無人航空機操縦員
- 語学学校
- 統合特殊作戦部隊および軍専門軍事教育（JPME）

5　旅のはじまり

南太平洋で SEAL 運搬艇運用の資格を得るための訓練中、誘導ミサイル潜水艦 USS ミシガンに泳いでもどる SEAL 運搬艇チーム 2 の SEAL 隊員と潜水員たち。
Credit: U.S. Navy photo by Mass Communication Specialist 3rd Class Kristopher Kirsop.

核的な任務技能の専門知識を得る――地上戦、近接戦、小規模部隊戦術、市街戦、戦闘水泳、敵対的海洋阻止行動（戦闘に向かう敵の部隊や物資を、それが友軍に害をおよぼす前に、遅延あるいは阻害あるいは破壊によって食い止める作戦）、長距離目標阻止、特殊偵察、そして回転翼および固定翼（つまりヘリコプターと飛行機）航空作戦などだ。

訓練の第 3 段階につづいて、きみは SEAL 中隊の一員として、最終認定訓練、略して CertEX を実施することになる。訓練は、統合特殊作戦任務部隊の傘下での同時進行の小隊作戦からなる。訓練が完了すると、きみの SEAL 中隊は派遣を認められる。いまや敵地で現実世界の任務を遂行することが訓練よりも優先される。

### 小隊暮らし

navyseals.com で説明されているように、派遣前の事前訓練とは、「『経験豊富で』、それぞれの特技のエキスパートである群レベルの訓練分遣隊 SEAL 隊員によって、アメリカ全土で実施される、ペースの早い訓練」である。事前訓練では、きみはどこかで近接

119

戦闘を訓練していたかと思うと、べつの技能を訓練するためにべつの場所へ急行することもありうる——なんでもありうるのだ。

　小隊は事前訓練中、しばしばほとんどの時間を訓練に出かけ、ちょっと戻ってきては、すばやくＵターンする。このあいだ、きみの小隊はたえずテストされることになる。チームメイトのあいだにもっと深い、自分たちはなにがあってもいっしょだという仲間意識——特殊作戦員のあいだでひじょうに重要なもの——が実際に形になるのは、このときだ。この男たちはきみを守り、きみは彼らを守るはずだ。

**派遣勤務**

　派遣勤務。きみはついにやり抜いた。それには数年かかったかもしれない——多くの場合、そうなる。きみは海軍SEAL隊員として、アメリカ特殊作戦軍（USSOCOM）陸海空軍特殊作戦部隊のためと、必要とあらば、水陸両用作戦即応群あるいは艦隊の艦艇または航空母艦で、海軍戦闘幕僚のために働くことになる。そのすべては最上級の軍戦闘部隊指揮官の全体的戦略を支援するためである——それは司令長官から国防長官を通じて戦闘部隊司令官にいたる——アイゼンハワー将軍やシュワルツコフ将軍を考えるといい。

　きみは４つの作戦地域（ＡＯ）——ＣＥＮＴＣＯＭ（中東）、ＳＯＵＴＨＣＯＭ（中米と南米）、ＰＡＣＯＭ（太平洋と朝鮮半島）、ＥＵＣＯＭ（ヨーロッパ）——のひとつに派遣されて任務を遂行することになる。

　そのためには、パラシュートやヘリコプター、潜水艦、高速艇、戦闘水泳、あるいは徒歩による戦闘目標への潜入が必要になるかもしれない。きみはおそらく多種多様なハイテク専用装備と兵器を運

西海岸を拠点とする海軍SEALチームの作戦員たちが、アラスカで〈ノーザン・エッジ〉演習の一部である潜入脱出訓練中に、陸軍のCH-47Dチヌークから降機する。

5 　旅のはじまり

アメリカ海軍 SEAL 隊員たちが、特殊舟艇チーム 12 とともに、カリフォルニア州ロングビーチで SEAL 隊天然ガスおよび石油プラットフォーム訓練サイクル中に、天然ガスおよび石油プラットフォームに乗りこむための正しい技術を訓練している。
Credit: U.S. Navy photo by Mass Communication Specialist 3rd Class Adam Henderson.

誘導ミサイル駆逐艦 USS オスカー・オースティンの艦尾飛行甲板にファストロープで降下するアメリカ海軍 SEAL 隊員たち。
Credit: U.S. Navy photo by Photographer's Mate 1st Class Michael W. Pendergrass.

アラビア海上空の訓練飛行中、空母 USS ジョージ・H・W・ブッシュ搭載で展開する第9ヘリコプター海上戦闘飛行隊所属の MH-60S シーホーク・ヘリコプター機上から、Mk-11 狙撃銃を撃つ海軍 SEAL 隊員。

海軍 SEAL 隊員たちと特殊戦戦闘艇乗組員たちが、フロリダ州フォート・ウォルトン・ビーチ近くで、海洋舟艇空中展開システム訓練中、パラシュートと人員を回収する。
Credit: U.S. Navy photo by Mass Communication Specialist 2nd Class Joseph M. Clark/Released.

5 旅のはじまり

2006年、派遣勤務中、イラクの通りをパトロールするマイクル・A・モンスーア三等兵曹（PO2）。
モンスーアは、イラクにおける行動にたいして、2008年4月、ホワイトハウスの式典で名誉勲章を死後授与された。彼の海軍公式の経歴にあるように、2006年9月29日、「モンスーアは、ほか3名のSEAL隊員と8名のイラク陸軍（IA）兵士とともに、狙撃手警戒監視位置についていた。反政府武装勢力の1名が近づいてきて、監視位置に破片手榴弾を投げこんだ。手榴弾はモンスーアの胸に当たってから地面に落ちた。唯一の出口の横に位置していたモンスーアは、無傷で脱出できたであろう唯一の人物だった。かわりに彼は手榴弾の上に倒れこみ、爆発からほかの者たちをかばったのである。モンスーアは爆発でこうむった負傷のせいでおよそ30分後に息を引き取った。モンスーア兵曹の行動のおかげで、彼は3名のチームメイトとIA兵士たちの命を救ったのである」
彼は同じ派遣勤務中、それ以前の行動で銀星章も授与されていた。このとき彼は激しい敵の銃火に身をさらして、負傷したチームメイトを救出し、手当てしたのである。

ロサンゼルス級攻撃潜水艦USSフィラデルフィアの背中に取りつけられた、注水されたドライ・デッキ・シェルター内の、SEAL運搬艇チーム2の隊員たち。
Credit: U.S. Navy photo by Chief Photographer's Mate Andrew McKaskle.

アメリカとポーランドの特殊作戦部隊が、アメリカ欧州軍積極的安全保障戦略の一環として、ポーランドのグダニスク近くで、相互運用性をさらに高めるための演習中に、乗船技能を訓練する。

ヴァージニア州リトル・クリークの海軍水陸両用戦基地で能力演習中、MH-60Sシーホーク・ヘリコプターからチェサピーク湾にファストロープ潜入デモンストレーションを行なうアメリカ海軍SEAL隊員たち。
Credit: U.S. Navy photo by Mass Communication Specialist 2nd Class Joshua T. Rodriguez.

ノースカロライナ州のアメリカ訓練センター・モーヨクで、海軍 SEAL 隊員たちが、模擬家屋を使って近接戦闘訓練を実施する。
U.S. Navy photo by Mass Communication Specialist 2nd Class Eddie Harrison.

模擬市街地を通り抜ける機動訓練中に、銃塔銃手の位置に乗りこむ海軍 SEAL 隊員。
Credit: U.S. Navy photo by Mass Communication Specialist 2nd Class Eddie Harrison.

エアフォース・ワンがイラクのアル・アサド航空基地に着陸中、飛行場の警備を手伝うアメリカ海軍SEALチーム。

デイヴィッド・ゴギンズ一等特殊戦兵曹が、サンディエゴで〈メイク・ア・ウィッシュ財団〉の受賞者といっしょに荷役ネット障害物をよじ登る。青年は心臓移植を受け、ゴギンズとともに海軍特殊戦施設を見学しながら、海軍SEAL隊員になるという夢をかなえた。ゴギンズもまた軍奉職中に2度の心臓手術を耐え忍んでいる。
Credit: U.S. Navy photo by Mass Communication Specialist 2nd Class Dominique Lasco.

5　旅のはじまり

ミネソタ州ミネアポリスのクーパー高校で、運動を指導するアメリカ海軍SEAL隊員たち。SEAL隊員は、海軍特殊戦にたいする意識を高めるために、「精神的タフさ」にかんするプレゼンテーションも実施する。
Credit: U.S. Navy photo by Mass Communication Specialist 2nd Class William S. Parker.

アメリカ海軍SEAL狙撃手が、サンディエゴの第5回年次オンブズマン会議中、海軍特殊戦オンブズマンと家族支援賛同者たちに、SEAL隊が派遣勤務中に使う武器を見せている。
Credit: U.S. Navy photo by Mass Communication Specialist 2nd Class Shauntae Hinkle-Lymas.

127

用することになるだろう。

　きみはおそらく、すくなくとも一度は中東に派遣されることになる。われわれは作戦の秘密保持上の理由から、いかなる任務においても、派遣のスケジュールやローテーションなどの慎重にあつかうべき情報や機密指定された情報について具体的な詳細をあかすことはできない。しかし、中核的任務についての多くの一般的な情報は、第1章で入手できる。

SEAL運搬艇（SDV）チームが、MH-60Sシーホーク・ヘリコプターからロサンゼルス級高速攻撃潜水艦USSトレドの上甲板へファストロープ訓練を行なう。SDVチームは「ウェットな」（乗組員と同乗者が水に浸かる）潜水艇を使って、完全長距離潜水任務を実施したり、潜水艦や海上の艦船からSEAL隊員やそれ以外の工作員を敵地にひそかに送りとどけたりする。
Credit: U.S. Navy photo by Journalist 3rd Class Davis J. Anderson.

## パナマ

「パナマのアメリカ人にたいするノリエガ将軍の無謀な脅迫と暴行は、パナマの3万5000人のアメリカ市民に差し迫った危険を作りだしました。大統領として、わたしにはアメリカ市民の人命を守るより重要な義務はありません」
　──1989年12月20日、〈ジャスト・コーズ〉作戦を発表するジョージ・H・W・ブッシュ大統領

　パナマの熱帯地の狭い地峡を、世界有数の重要な戦略的水路が横切っている──パナマ運河だ。パナマはマヌエル・ノリエガ将軍という短身で好戦的な軍事独裁者が動かしていた。
　CIAのスパイとして活動したこともあるノリエガは、軍とその同盟者のための平行収入源となる犯罪経済を発展させ、麻薬とマネーロンダリングからの収益を提供することで、パナマ国防軍の忠誠を獲得した。
　ノリエガの支配のもとで、パナマは、アメリカ向け違法麻薬の南米からの主要な積み替え地になった。パナマ国防軍の一派が繁栄するいっぽうで、ノリエガの体制はしだいに抑圧的になり、彼の体制の政敵たちが何百と拷問され、殺害された。そして、さらに何百人もが亡命を余儀なくされた。
　体制への政治的デモは暴力をもって迎えられた。ウーゴ・スパダフォラという声高な体制批判者は、コスタリカとの国境でノリエガの手下たちによってバスから引きずり降ろされた。その後のノリエガとパナマ国防軍現地指揮官ルイス・コルドバとの会話は、盗聴器で捉えられた。
　コルドバ「われわれは狂犬を押さえています」
　ノリエガ「それで、人は狂犬病にかかった犬をどうする？」
　その数日後、ひどい拷問を受け、首を切り落とされたスパダフォラの死体が、アメリカ郵便公社の郵袋につつまれて発見さ

れた。
　1988年2月5日、ノリエガ将軍はタンパとマイアミの連邦大陪審から麻薬密売の罪で起訴された。
　ジョージ・H・W・ブッシュ大統領は声高に抗議して、ノリエガが政治的弾圧と麻薬密売を終わらせるよう要求し、アメリカの船舶輸送と地域の安全保障にきわめて重要なパナマ運河が安全に機能することに懸念を表明した。
　1989年前半のどこかで、CIAと海軍特殊戦をはじめとする政府と軍部隊は、想定されるノリエガを逮捕して権力の座から引きずり降ろす作戦のために、パナマで情報を収集しはじめた。
　わたしは1989年11月、パナマ人のモイセス・ヒロルディ少佐を首謀者とするクーデターのすぐあとにパナマに到着した。降り立った瞬間、わたしは空気に緊張を感じた。わたしはノリエガの傍若無人なコカイン・パーティの話や、彼が人々を飛行機から投げ落とした話を聞いていた。
　わたしと、SEALチーム6の残りのひと握りのSEAL隊員は、パナマ運河の西側と境を接するロドマン海軍基地に配置された。われわれは沿岸作戦と河川作戦で第26特殊舟艇隊（SBU-26）を支援するためにそこにいた。わたしはさらに訓練責任者をつとめ、海軍特殊戦ジャングル訓練を開設し、運営する命令も受けていた。
　1989年12月16日の夜、わたしはガールフレンドのシャノンを出迎えるために装甲車輛で空港まで運ばれた。彼女はクリスマスをいっしょにすごすために飛行機で飛んできていた。わたしに同行していたのは、やはり第26特殊舟艇隊に配属されたアダム・カーティスという若いSEAL大尉だった。彼の妻ボニーは同じ便でやって来ることになっていた——これはわれわれのだれにとっても、とくに危険地帯では、ごくめずらしい機会だった。
　空港の緊張感は明白だった。人々の目には想定されるアメリ

カの軍事行動にかんする不安が見て取れた。

　女性たちを乗せた飛行機が着陸したあと、アダムはわたしに妻をディナーにつれていくつもりだと教えてくれた。

　わたしはいった。「気をつけてくださいよ。外はだんだん険悪になってきてますからね。シャノンとわたしは基地に戻るつもりです」

　アダム・カーティスとボニーは地元のレストランで食事を終え、兵舎に戻る途中、パナマ国防軍の検問で止められた。彼らは質問され、車を捜索された。

　アダムはのちにこう回想した。「われわれがそこにいるあいだに、アメリカ人のべつのグループが道路封鎖にやって来た。陸軍が3人と海兵隊がひとり——全員将校だった。彼らは身の危険を感じて、道路封鎖を猛スピードで突破し、5名のパナマ軍兵士がふりかえって、車に発砲した。後部席の将校が、（ロバート・）パスという陸軍中尉（訳註：正しくは海兵隊中尉）が殺された」

　アダム・カーティスと妻のボニーは車から引きずり出され、拘置所につれていかれて、尋問され、拷問を受けた。パナマ軍のならず者たちは一室でアダムの脚をハンマーで叩くいっぽうで、べつの一室では彼の妻の体にさわって性的いやがらせをした。

　翌朝の点呼時、アダムはそこにいなかった。

　大佐はわたしのほうを見てたずねた。「カーティス大尉はどこだ？」

　「わかりません」とわたしは答えた。「最後に彼を見たのは、昨夜の空港です」

　さまざまな情報源によると、ジョージ・H・W・ブッシュ大統領は、ロバート・パス中尉の殺害とカーティス夫妻の拘置と拷問の話を聞いたあとで、パナマに侵攻する最終決定を下した。

　20日の日曜日には、海軍 SEAL チーム2と4と6の諸隊

が国内に潜入していた。午前零時ごろ、SEAL チーム 2 と 4 の諸隊は動きだした。

　SEAL チーム 2 の任務隊指揮官で、SEAL チーム 6 でリチャード・マーチンコの元副長だったノーマン・カーリー SEAL 中佐は、部下たちとともにマングローブで戦闘強襲ゴムボート（CRRC）に乗り、哨戒艇プレジデンテ・ポラス号に吸着機雷を取りつけるために SEAL 泳者 4 名を発進させるのを待っていた。「作戦全体の指揮官である（カール）スタイナー将軍は、作戦が漏れていると考えて、作戦を実施する時刻を 30 分早めた」とカーリーは回想している。「しかし、爆薬の時計と安全装置と安全解除装置はすでにセットされていた」「彼らがそうしている（哨戒艇に爆薬を取りつけている）あいだ、銃撃戦がつづき、手榴弾が水に投げこまれた」とカーリーはいう。「彼ら（SEAL 隊員）は自分たちが見つかったと思った。しかし、ランディ・B は泳ぎ去る直前に爆破装置を取りつけおえていた」時計の針が 0100 時を指したとき、SEAL 隊の爆薬の大爆発がパナマ中の建物の壁を震わせ、パナマ国防軍兵士を差し迫った戦闘に駆けつけさせた。任務のその部分は大成功だった——はじめて SEAL 隊は敵戦闘艦艇に吸着爆雷攻撃を実施するのに成功したのである。

　シャノンとわたしがパナマ・シティの目標に AC-130 ガンシップが銃砲弾を撃ちこむ音を聞いたとき、わたしはロドマン基地から 4 マイルほど離れたフォート・アマドールの基地住宅にいた。わたしは職場に電話をかけ、彼らは「すぐここに来い！」といった。

　わたしは装備と武器をつかんで、できるだけ速くロドマン海軍基地に向かって走りだした。わたしはひどく興奮していた！

　道を突っ走ってきたアメリカ陸軍のジープ型車が、わたしが走っているのを見て停まった。憲兵がたずねた。「いったいどこへ行くんだ？」

「わたしの名前はマン上級兵曹長で、ロドマンへ向かうところだ。乗せてくれないか」

　彼らはわたしをロドマンにいそいでつれていった。じきにわたしはSBU-26の6名といっしょに河川哨戒艇（RPB）に乗っていた。SBU-26を指揮するのは海軍少佐（O -4）のマイク・Fで、チームのほかのだれよりも河川作戦の経験がある、タフなヴェトナム戦争時代のSEAL隊員だった。隊は本部班と10個軽哨戒艇分遣隊で編成されていた。各分遣隊は2艇と乗組員で構成された。

　われわれのその夜最初の逐次命令は、アメリカ橋から飛んでくると報告された狙撃手の射撃を確認することだった。

　われわれは、基本的にはMk-19擲弾発射銃と連装50口径機関銃で武装した、強化された〈ボストンホエラー〉であるPRB（河川哨戒艇）のエンジンを始動して、橋に近づいた。われわれが影から出ると、銃撃を受けはじめた。狙撃手には遮蔽物と高さの利点があった。周囲の水面に銃弾が突き刺さるなか、われわれは連装50口径機関銃を狙撃手たちに向けた。彼らは金属の橋げたに隠れると逃げ去った。

　同時に数マイル遠くでは、SEALチーム4のSEAL隊員たちが、プンタ・パイティヤ飛行場近くで、小型ゴムボートに乗って上陸しようとしていた。彼らの任務は小さな民間飛行場を占領して、ノリエガのリアジェット機を飛行不能にし、彼が逃げられないようにすることだった。しかし、奇襲の要素はノリエガ側の船の爆発のせいで失われていた。また、滑走路は着陸灯で明々と照らされていて、おまけに航空掩護にあたる任務をあたえられていたAC-130スペクター・ガンシップは発進できなかった。

　これはSEAL隊が直面した唯一の問題ではなかった。彼らは滑走路が警備されていないと聞かされていた。しかし、情報はまちがっていた。

当時大尉だったデニス・ハンセンは、小隊長だった。「われわれが前進すると、叫び声が聞こえた」とハンセンは回想した。「計画ではパナマの警備員に消えうせろということになっていた。これはわれわれがノリエガの飛行機の格納庫にたどりつくまでは、うまく行くように思えた。すると、短い言葉のやりとりのあと、銃撃戦がはじまった。うちの小隊のとなりの小隊は格納庫の真正面にいた。彼らは飛行機を使えなくすることになっていた。わたしは副小隊長（AOIC）と彼の分隊を送って、敵と接触中の小隊を支援させた。彼らも有効な銃撃を受け、副小隊長が戦死し、ほか数名が負傷した」
　銃撃戦で4名のSEAL隊員が戦死した。わたしの親友のジョン・コナーズ中尉、ドナルド・マクフォール一等機関兵曹、クリス・ティルグマン二等掌帆兵曹、そしてアイザック・ロドリゲス三世三等水雷兵曹だ。
　カーロス・モレダというわたしのもうひとりの大親友は胸と脚を撃たれた。もうひとりのチームメイト、マイク・Pはカーロスが死んだと思って、彼の身体を楯にして応射した。
　わたしは彼が謝罪したときいっしょにいた。彼はいった。「すまん、カーロス、だがおれはおまえが死んだと思ったし、おれはじゅうぶん低くなれなかった。飛んでくる銃火から自分をさえぎるのに、目の前にあるものがなんでも必要だったんだ」
　好運にもカーロスは生きのびた。胸骨から下の体の機能が回復することはなかったが、カーロスは車椅子でいくつかの鉄人超長距離運動競技会に参加するまでになり、多くで勝利をおさめてきた！
　われわれのつぎの任務は、運河の南側に停泊しているノリエガのクルーザーを鹵獲することだった。SBU-26の副長であるジョニー・K少佐（O-4）は、20歳若いSEAL隊員の大半を体力訓練でも水泳でもランニングでも負かすことができたが、命令を受けると、われわれに同行したがった。

指揮をとる将軍は彼に残るよう命じた。

そのあいだにわれわれの哨戒艇（PB）は桟橋から後進をほとんど終え、右に舵を取りつつあった。ジョニーは電話を切ると、桟橋を走り抜け、制服を全部着たまま、個人装備と武器（M-16）といっしょに水に飛びこみ、艇まで泳いできた。ジョニーは部下といっしょに戦いに行けないなどとだれにもいわせるつもりはなかったのだ。

乗組員は彼に手を貸して乗船させ、彼は作戦におもむいた。

ノリエガのクルーザーは長さがすくなくとも40フィートあり、すくなくとも8名用の船室、外洋フィッシング用の釣り竿とリール、そしてワインセラーをそなえていた。われわれは50メートル以内に停め、50口径を装塡してクルーザーに狙いをつけながら、艇を観察した。何人が乗船しているかも、クルーザーに爆弾が仕掛けられているかどうかもわからなかった。

われわれのスペイン語話者が電話をかけて、乗船中の者たちに、われわれが船を水から吹き飛ばす前に降伏する時間が30秒あると宣言した。約10秒後、下甲板へのハッチが開いて、男が腕を突きだし、白いTシャツを振った。

わたしはM-16を持って最初に乗船した。ほかに3名のSBU-26の隊員がわたしのあとにつづいた。わたしはパナマのSEAL隊員8名のグループが船室に隠れているのを見つけ、彼らに武器を捨てて出てくるよう身ぶりで指示した。

わたしはスペイン語話者をつうじて、彼らに服を脱ぐよう命じた。彼らはあまりに人数が多く、甲板は狭かったので、わたしは彼らに頭のてっぺんから足のつま先までおたがいに重なりあうよう指示した。

パナマ人のひとりが拒否すると、ジョニー・Kはスペイン語話者にどなった。「すぐ服を脱がないと撃つといえ！」パナマ人はしたがった。われわれは彼らを縛り上げ、ロドマン基地

へつれかえり、有刺鉄線で間に合わせの捕虜収容施設を作った。クルーザーの船内を捜索し、夜が終わる前に、われわれは200名ほどのパナマ国防軍兵士を捕虜にした。

午前零時ごろ（侵攻開始から11時間）、われわれは武器を準備してべつの敵船舶の500メートル以内に近づいた。200メートル以内に来たところで、通訳がスペイン語でどなった。「出てこないとおまえたちを水から吹き飛ばすぞ！」

大佐は、「もう少し近づいてみよう」といった。われわれは艇首を舷側に向けて、50メートル以内で停まった。〝これは正気の沙汰じゃない〟とわたしは思った。〝2艇の乗組員のあいだの銃撃戦は熾烈なものになるだろう〟

われわれは接近していたので、ほとんど彼らの臭いを嗅げるほどだった。突然、小さな白いハンカチを持った手が船室の窓のひとつから突きだし、われわれはいっせいに安堵のため息を漏らした。

われわれはさらに十数名の武装したパナマ軍兵士を捕虜にした。

われわれは少しずつパナマ運河を掌握していった──船舶が入るのを阻止し、運河で船舶を停めて、武器と敵要員を捜索した。そのあいだに、航空戦力に支援されたアメリカ陸軍と海兵隊の大隊が、パナマシティの繁華街にあるパナマ国防軍の中央司令部（ラ・コマンダンシア）を攻撃し、夜間空中強襲でフォート・アマドールをパナマ軍から取り返した。

夜のある時点で、われわれは沿岸で5、6名のパナマ軍兵士と撃ち合い、彼らをかなり激しくぶちのめした。われわれは死体を遺体袋に入れたが、ロドマン基地に戻ったとき、だれもそれをどこに置けばいいのか知らなかった。そこでわれわれは遺体をロドマン下士官兵クラブの肉冷凍庫に、ステーキやハンバーガー、フルーツや野菜といっしょにしまうことにした。

わたしはこれがいささかおだやかでないことに気づいた。ほ

> ぼ毎日、そこで昼食をとったからだ。
> 　アメリカ軍の記録文書作成係が数日後到着したとき、彼らは遺体袋の2つを開けて、顔の写真を撮れるように遺体をひっくり返してくれないかと、わたしにたのんだ。問題の遺体はいずれも銃弾で蜂の巣にされていた。わたしがそのひとつをひっくり返すために横から引っぱると、上半身が下半身から離れてふたつになった。それはけっして忘れることのない不愉快きわまるイメージをわたしに残した。
> 
> Inside SEAL Team Six からの抜粋

**任務解除**

　小隊が派遣勤務から戻ったあと、小隊員たちは「任務解除」段階の手順にしたがい、武器や装備、装具、補給品を返却する。在庫目録に記入して補修し、次回の派遣勤務時に再支給するためだ。1日の労働時間は短く、理由がある。約1カ月つづく任務解除は、SEAL 隊員が家族とすごし、いくらかのオフの時間を楽しむときだからである。

**さらに任務と作戦について**

　きみが本書を手に取ったとしたら、きみは本を開く前にすでに、SEAL 隊員になるというアイディアに深い関心をいだかせるほど、特殊部隊の任務や作戦について聞いたり読んだりしているのではないかと思う。
　たしかに、いくつかの作戦はメディアで大きく取り上げられてきた——ソマリアの難民救済ワーカーの救出や、海賊に誘拐された船長の奪還、ウサマ・ビン・ラーディンの処刑。こうした任務を遂行した者たちは、世界のあらゆる称賛にあたいする。これらの任務を

## 俸給と恩恵

　海軍 SEAL 隊員としてのキャリアは、有形無形の恩恵をもたらす。SEAL 隊員はチームメイトと密接に協力して、国家安全保障に重要な任務を革新的に遂行する。彼らはたえず学び、自分の肉体的精神的限界を押し上げ、普通とはまったくちがったライフスタイルを送っている。

　海軍 SEAL 隊員は、高価値テロ細胞にたいする直接行動を遂行して、アメリカの国家安全保障の取り組みの最前線で活動している。SEAL 隊員は要人の警護に当たり、外国の軍と特殊作戦部隊の要員に自国でのテロとの戦いかたを教え、環境妨害工作をふせいできた。海軍の SEAL 隊員はどこに派遣されても、その国に奉仕し、アメリカおよび地球市民を守ることで変化をもたらす。

　SEAL チームのチームメイトは全員が独自のアイデンティティや個性、情報、才能をもたらして、戦場ですばやく順応して革新する SEAL 隊の集合的能力に貢献する。SEAL 隊員のトライデント章を着用するひとりひとりが、同じ極限の精神的肉体的挑戦を耐え忍び、SEAL チームを究極の兄弟愛で結びついた組織にする。チームメイトは戦場のなかでも外でもおたがいを失望させない。「ザ・チームズ」のなかでつちかわれた関係と友情は終生つづく。

　海軍特殊戦部隊はたんなる仕事あるいはキャリアではなく生きかただ。海軍 SEAL 隊員の「仕事場」は、海と空と陸の環境要素だけでなく、国際的な境界や地理上の極限、さらには紛争のあらゆる領域を超越している。海軍 SEAL 隊員にとって、「仕事場での典型的な一日」はない。

あらゆる現役軍人は以下のものを受けとる。

- ●俸給
- ●医療保険および生命保険
- ●年30日間の休暇
- ●教育補助金
- ●医療給付および歯科治療給付
- ●20年勤務後の退役
- ●戦闘地域での非課税俸給
- ●非課税の住宅手当および食事手当
- ●軍施設の利用権
- ●旅行と生活必需品の割引

それにくわえて、SEAL隊員は以下のものを受けとる。

- ●最大6万ドルの初任給
- ●資格取得および再入隊時のボーナス
- ●潜水、パラシュート降下、爆破の特別手当

　　　海軍特殊戦部隊公式サイト www.sealswcc.com より

取りまくあらゆる上辺の魅力と興奮のなかに、本書のこれまでの章で説明したあらゆることとそれ以上を最後までやりとおしたのみならず、それをひどく困難な状況で、人知れず、そして卓越した特殊部隊作戦員になること以外なんの目的も持たずに行なった者たちがいるからだ。

　しかし、彼らを本当に際立たせているものは、彼らが、「魅力的な」任務だけでなく、差しだされたどんな任務も作戦もよろこんで遂行することである。SEAL 隊の精神が彼らにそうさせるのだ。SEAL チームの一員として、きみは自分の任務を遂行し、可能なかぎり完璧に遂行したいと思わねばならない。

　SEAL 隊員としてのきみの任務には、非戦闘活動もふくまれる。地域への働きかけと地元消防署と警察署との協力、さらに地元の学校のスポーツ行事や慈善行事への参加などだ。

**海軍 SEAL 隊の女性**

　軍による女性の戦闘参加の禁令はすでに解かれているが、本書の刊行時点（訳註：原書の刊行）で、海軍 SEAL 隊に女性はいない。しかし、2013 年 6 月、国防総省は 2015 年中期までに陸軍レインジャー部隊、2016 年には海軍 SEAL 隊のために女性が訓練できるようにする計画を発表した。
「そうすべきときです」とワシントン DC の特殊作戦／低強度紛争会議で特殊作戦部隊の長であるウィリアム・マクレイヴン提督はいった。「われわれにはかなり長いこと、直接特殊作戦を支援する女性たちがいます」と彼はつけくわえた。「われわれが確実にやりたいことは、われわれの水準を維持することです」
　その懸念は、特殊作戦部隊がその全隊員に要求しているきびしい肉体的要求を思えば、深刻なものだ。こうした水準を落とすことは選択肢ではない。ノルウェー軍歩兵部隊で 25 年間勤務し、2012 年にアフガニスタンでノルウェー軍を指揮したイングリッド・イェルデ大佐は、2013 年 1 月に《クリスチャン・サイエンス・モニター》紙の記事で、ノルウェーの女性将兵は男性のために維持され

ている基準に水準をたもつために奮闘してきたといっている。

　2013年1月、統合参謀本部議長のマーティン・デンプシー将軍は、女性をある種の戦闘職から締めだすことは、軍内部で女性にとって性的に好ましくない環境を増大させていると発言した。
「わたしはそれが、ある程度べつべつの階層の軍人がいるからだと思います。ねえ、いいですか、状況はそれよりはるかに複雑ですが、一部に戦士に指定された人々がいて、もう一部にそれ以外のなにかに指定された人々がいれば、その相違が、場合によっては、そういう環境につながる心理状態を根付かせはじめるでしょう。われわれが人々を平等にあつかうことできればできるほど、彼らがおたがいを平等にあつかう可能性が高くなると、わたしは思います」

# あ と が き

　このハンドブックは、きみが海軍 SEAL チームの一員になる道のりの手段と手助けとなることだけを意図している。それを実現するのは、きみにかかっている。きみだけに。われわれは、SEAL チームが自分に適しているかどうかを判断するのに役立つ情報を、きみがここで見つけたことを切に願っている。

フー・ヤッ！
（訳註：SEAL式の鬨の声）

　　　　　　　　　　　　　　　――ドン・D・マン
　　　　　　　　　　　　　　　　海軍退役二等上級兵曹長
　　　　　　　　　　　　　　　　SEAL チーム 1
　　　　　　　　　　　　　　　　SEAL チーム 2
　　　　　　　　　　　　　　　　SEAL チーム 6

Appemdix

# 1

# ASVAB の問題例
(todaysmilitary.com より)

### 一般科学

　一般科学は、大半の高校で教わる授業から採ったさまざまな科学テーマにかんする質問に答える能力をテストする。生命科学の項目は、植物学、動物学、解剖学、生理学と生態学をふくむ。地球および宇宙科学の項目は、天文学、地質学、気象学、そして海洋学にもとづく。物理科学の項目は、力と運動の力学、エネルギー、液体、原子構造、そして化学の知識を評価する。

テストの問題例
1. 日食が起こるのは、
    A. 月の影が太陽にとどくから
    B. 月の影が地球にとどくから
    C. 地球の影が太陽にとどくから
    D. 地球の影が月にとどくから

### 算術的推論

　算術的推論は、日常生活で遭遇する基本的な計算問題を解く能力をテストする。1段階と複数段階の文章問題は、足し算、引き算、掛け算、割り算と、2段階以上の計算が必要な場合には、四則計算

の正しい順序を選ぶことが必要となる。項目には、整数の計算、分数の計算、比、百分率、計測がふくまれる。算術的推論は、数学の理解力を評価するのに役立つひとつの要素であり、さらに論理的思考も評価する。

テストの問題例
2. 144人を運ぶためには、36人乗りのバスが何台必要だろうか？
   A. 3
   B. 4
   C. 5
   D. 6

### 言語の知識

言語の知識は、同義語をつうじて言葉の正しい意味を理解する能力をテストする——同義語とは、ほかの言葉と同じか、ほぼ同じ意味を持つ言葉だ。テストは、読解力のひとつの構成要素の測定である。語彙は読解力を特徴づける多くの要素のひとつだからだ。

テストの問題例
3. きょうは風が変わりやすい。
   A. おだやか
   B. 変わらない
   C. 変化する
   D. 冷たい

### 短文の理解

短文の理解は、文書から情報を得る能力をテストする。生徒はさまざまな長さの、ちがった種類の一節を読んで、各節でしめされた情報にもとづく質問に答える。設問には、述べられた事実と、いいかえられた事実を見分け、出来事の順番を確定し、結論をみちびき

だし、本旨をあきらかにして、筆者の目的と論調を確定し、文体と技法をあきらかにすることがふくまれる。

テストの問題例
4. 住宅侵入窃盗全体の25パーセントは、鍵のかかっていない窓あるいはドアによるものと見なすことができる。犯罪は、機会プラス欲望の結果だ。犯罪をふせぐための各自の責任とは、
  A. 欲望を提供すること
  B. 機会を提供すること
  C. 欲望をふせぐこと
  D. 機会をふせぐこと

## 数学の知識

数学の知識は、数学的概念と応用の知識をあてはめて問題を解く能力をテストする。問題は、概念とアルゴリズムに焦点を当て、整数論、計算法、代数の計算と方程式、幾何学、計測、そして確率をふくむ。数学の知識は、数学の理解力を評価するひとつの要素であり、さらに論理的思考も評価する。

テストの問題例
5. もしX + 6 = 7なら、Xが等しいのは、
  A. － 1
  B. 0
  C. 1
  D. 7/6

## 電子技術の情報

電子技術の情報は、電流や電気回路、電気装置、電気系統の理解をテストする。電子技術の情報の項目は、電気回路、電気および電子系統、電流、電設工具、記号、装置、そして材料をふくむ。

テストの問題例
6. 以下のうちで抵抗がもっとも少ないものはどれか？
    A. 木
    B. 鉄
    C. ゴム
    D. 銀

## 自動車と修理工場の情報

自動車と修理工場の情報は、自動車の保守と修理と、木工場および金属工場の実務への適性をテストする。テストは、大半の高校の自動車と修理工場の授業に通常ふくまれる、いくつかの領域におよぶ。たとえば、自動車部品、自動車システム、自動車用工具、問題の解決と修理、工場の工具、建築材料、建築建造の手順などだ。

テストの問題例
7. 自動車がオイルを消費しすぎる場合、つぎのどの部品が摩耗しているか？
    A. ピストン
    B. ピストンリング
    C. メインベアリング
    D. コネクティングロッド

## 機械の理解

機械の理解は、機械装置の原理や構造物の支点、物質の特性の理解をテストする。機械の理解の項目は、単一機械、複合機械、機械的動作、流体動力学をふくむ。

テストの問題例
8. どちらの柱が荷重のより大きな部分をささえているか？

A 柱A
B. 柱B
C. 両方同じ
D. はっきりしない

問題例の答え
1. 一般科学：B
2. 算術的推論：B
3. 言語の知識：C
4. 短文の理解：D
5. 数学の知識：C
6. 電子技術の情報：D
7. 自動車と修理工場の情報：B
8. 機械の理解：A

# 栄養摂取と訓練ガイド

　栄養摂取は、効果的な体力増強プログラムの4本の柱のひとつだ。ほかのものは、運動と回復、そして一貫性である。4つともSEAL隊員になるには必要だが、栄養摂取は成功の方程式のすくなくとも半分を占める。正確にどの種類の食事がきみの個人的な成功につながるかは、きみ固有の生理機能と大いに関係がある。ひとりひとりが食事やトレーニング、サプリメントにちがった反応をするのだ。

　われわれはこれらのガイド――『特殊作戦部隊栄養摂取』、『海軍特殊戦体力訓練』、そして『海軍特殊戦けが防止』――が、海軍SEAL隊員になるためのきみの努力に役立つことを願っている。

## 『特殊作戦部隊栄養摂取ガイド』より

### 1　戦士アスリート

　特殊作戦部隊（SOF）は、究極のアスリートである「戦士アスリート」の集まりだ。SOFの訓練と任務が課す肉体的精神的要求は、もっとも過酷な状況でも、能力を最大限に発揮して、健康を維持するように、適切な栄養摂取の習慣と介入を必要とする。

　この章は、SOFの専門的な要求と、『特殊作戦部隊栄養摂取ガイド』で述べられている情報の紹介となっている。

### 2 エネルギー・タンクのバランスを取る

- エネルギーの摂取と消費のバランスを取ることは、活動レベルがひじょうに高いときも、孤立状態のように活動レベルがきわめて低いときも、むずかしいことがある。
- 通常、体重はエネルギーの摂取が消費と等しいと一定のままである。
- 体重を1ポンド減らす、あるいは増やすためには、3500カロリーを消費あるいは摂取しなければならない。
- 安静時エネルギー消費量（REE）と日常活動の強度を計算すれば、特殊作戦員が一日にどれだけのエネルギーを消費するかを正確に見積もることができる。
- 体格指数（BMI）は、体脂肪組成を算定して、各自を痩せすぎ、標準、太りすぎ、肥満体のカテゴリーに分類するための診断道具である。

### 3 人間兵器に燃料を入れる

- 糖質（CHO）は、持久活動や筋力負荷活動、運動競技会、敏捷な思考、健康的な生活に必須の燃料である。
- 貯蔵エネルギーの基本形態である脂肪は、必要不可欠であるが、適度に摂るべきである。
- タンパク質は身体組織を作り、修復するのに不可欠である。しかし、過剰なタンパク質は脂肪に変わる。
- 失った体重プラスさらに25パーセントを補充するのにじゅうぶんなだけの水分を摂取して、水分バランスを取り戻せ。
- 体重がわずか2パーセント失われただけで、能力の低下がはじまる。

### 4 高能力触媒

- ビタミンとミネラルの要求は各種の食品を食べることで満たせる。
- ビタミン・ミネラルのサプリメントはエネルギー源にならない。

- ビタミン・ミネラルのサプリメントは、エネルギー・バランスが食事でまかなえないときのみ認められる。
- ビタミンとミネラルの大量摂取は健康と能力に有害となりうる。
- 自然のままで抗酸化作用が高い食品（新鮮で色鮮やかな食品）を毎日食べなければならない。

## 5　栄養摂取のタイミングとトレーニング

- 栄養摂取のタイミングは能力を持続させるのにきわめて重要だ。
- 補給間隔（RFI）は運動を終えたあとの 45 分間だ。
- RFI 中に食事をすれば、翌日の運動のための回復が早まり、エネルギーを取り戻すことになるだろう。
- バランスが取れて栄養豊富な日々の食事は、より高い能力と最適な回復を保証するだろう。
- スポーツ飲料やレーズン、蜂蜜、バナナ、あるいはジャガイモのように、血糖インデックスが中程度か高い CHO 食品と飲料は、回復食として理想的だ。
- 回復食にタンパク質をくわえると、タンパク質合成が促進されて、筋肉の再建を助ける（同化作用）。
- 90 分以上の運動にたいしては、すぐさま RFI 中に 50 グラムの CHO と 12 グラムのタンパク質を食事あるいは飲料として摂取し、6 時間のあいだ 2 時間ごとに 50 グラムの CHO を摂取する。
- 任務のあとは、じゅうぶんな水分を摂取しなければならない。
- 水分補給飲料にはナトリウムとカリウムがふくまれていなければならない。
- スポーツバーやゼリー飲料、スポーツドリンクは軽量で持ち運びでき、SOF 作戦中に食べやすい。

## 6　家庭料理の最適な選択

- 家庭で食べる食事は、任務の遂行に影響をおよぼす可能性がある。
- 賢い買い物は、健康的な食事の準備への第一歩だ。
- ほとんどのレシピは栄養成分を改善するために変えることができる。
- 栄養ラベルを食品を賢く選ぶための案内に利用しなさい。
- どの食事も全体的な健康と機能にとって重要である。
- できるだけ多くフルーツと野菜を食べることを目ざしなさい。

## 7　外食の最適な選択

- レストランはみんな同じではない。賢く選びなさい。
- 食べるものを慎重に選択すれば、外食は健康的になりうる。
- 食事の一部としてフルーツと野菜を選択すれば、ビタミンやミネラル、食物繊維が得られ、脂肪とカロリーを減らすのに役立つ。
- ファストフード・レストランには、高脂肪のバーガーとポテトフライの健康的な代替メニューがある。賢明な食事の選択をしなさい。

## 8　健康的な間食

- 間食、つまり「決まった食事のあいだに食べること」は、能力を最大限にして、精神的肉体的鋭敏さを維持するのを助けるのに重要だ。
- 健康的な間食は、体重を増やすことなく、エネルギーと警戒心を高めるのに役立つ可能性がある。
- 家や職場、あるいは「出先に」、栄養豊富な間食をそなえておきなさい。
- 夜間作戦用の間食は、低糖質、高タンパクの食品がふくまれるべきだ。
- フルーツのような水分豊富な間食は、温暖な気候の作戦に最適だ。

- 糖質が豊富な間食は、寒さのなかで訓練するときに消費するのに適している。
- 特殊作戦中は高脂肪の間食を避けること。

## 9　戦闘マシーンとして引き締まった体でいられる秘訣

- 規定量の糖質（CHO）の消費は、あらゆる形態の訓練でもっとも重要な燃料戦略だ。
- グリコーゲンのたくわえの減少は、ウエートルームや、「背嚢走」のような耐久訓練の場で、お粗末な成績をもたらすだろう。
- 不適切な栄養摂取と低い筋肉グリコーゲンのたくわえは、筋骨格系障害の危険を高めるかもしれない。
- CHOは、アミノ酸といっしょに摂取した場合、アミノ酸の効用を高める。
- 真水を多く飲みすぎると、たえまない移動が必要な長期任務や訓練中に、身体機能の思わぬ危機を引き起こす可能性がある。
- 個々の食べものの好みは、訓練と作戦中の胃腸障害を避けるように決めるべきである。

## 10　体を大きくする

- 適切で一貫した筋力トレーニング、じゅうぶんな休憩、そしてバランスの取れた食事は、筋力と筋肉量を増強することにかけては、**永遠の優位**をあたえるだろう。
- 多種多様な食品をとり、エネルギー摂取とエネルギー消費を釣り合わせることは、筋肉を増やすのに最適な栄養摂取を提供するだろう。
- すべての特殊作戦員は、1日あたり体重1ポンドにつき1グラムのタンパク質しか必要としない。
- じゅうぶんな量の水分は、筋肉の代謝と収縮性に不可欠である。
- サプリメントやプロテイン・パウダーでは**なく**、「本物の」食品にお金を使いなさい。

## 11　優位をもとめて——栄養補助食品

- SOCOM（特殊作戦軍）は、栄養補助食品（DS）にかんする指針を持って**いない**——医療機関に相談しなさい。
- 軍事施設で販売されている DS は、かならずしも安全、効果的、あるいは合法とはかぎらない。
- DS の製造者は、安全あるいは有効性の調査を行なうことをもとめられていない。食品医薬品局は、製品を販売禁止にする前に、それが安全でないことを証明しなければならない。
- もし DS を利用するときは、USP（米国薬局方）認証ラベルのついた高品質の製品を選びなさい。ラベルは消費者に、製品がその成分と製造過程にかんして試験され、検証されていることを保証する。
- DS の組み合わせと併用は、好ましくない危険な副作用の可能性を高める。
- エナジードリンクは規制されておらず、その複合成分の長期的影響はわかっていない。

## 12　有害物質

- 無煙タバコをふくむすべての煙草製品は中毒性があり、心血管損傷とさまざまな形態の癌を引き起こす可能性がある。
- 過度のアルコールは脱水症につながり、能力を損なう可能性がある。薬とアルコールをまぜてはならない。アルコールと薬の相互作用に気をつけなさい。
- 抗ヒスタミン薬や非ステロイド性抗炎症薬、アスピリンのような市販の薬品は適度に、もし長期の治療に利用するなら医師の監督のもとで、使用すべきである。
- 非ステロイド性抗炎症薬は、規制が恐ろしくむずかしくなるので、派遣勤務中は使用すべきではない。
- ステロイドとステロイド代替薬は、違法で危険である。それらは体に害をおよぼし、能力に悪影響をあたえる可能性がある。

## 13　戦闘糧食

- 戦闘糧食は特定の種類の任務にじゅうぶんなエネルギーと栄養摂取を供給するようにとくに考えられている。
- 環境条件や作戦条件は、栄養摂取の要求を満たすように戦闘糧食を変化させる。
- 糧食はさまざまな作戦条件の要求を満たすために、異なる量のエネルギーを提供する。
- 一部の糧食は、厳格な宗教上の食習慣に合うように考えられている。
- 市販の製品は、軍用糧食をおぎない、派遣時の食事により大きな多様性と選択肢を可能にするために、利用できる。

## 14　世界で食べる

- 食事の種類や正しい食器をふくむ文化的なちがいに気をつけなさい。
- 特別に用心して、食物経由の病気を避けなさい。食物経由の病気に関係がある典型的な食物を避けること。
- 倹約して食べるときには、食事と飲料の選択を賢明にしなさい。
- 汚染された水を飲むことは、健康に深刻な影響をあたえるかもしれない。水を浄化しなさい！
- 〈ペプトビスモル〉（胃腸薬）を持ち歩き、汚染された食事あるいは飲料による症状には治療を受けなさい。

## 15　戦闘効率のための任務中の栄養摂取

- 不十分なエネルギー摂取や脱水症は、疲労につながり、戦闘中の能力を損なう可能性がある。
- 夜を徹した作戦テンポの速い任務による不適切な食事と睡眠は、全体的な健康に有害になりうる。
- 夜間作戦前の食事は、疲労をふせぐために、適切に計画されるべきである。
- 各種の環境暴露（たとえば暑さ、寒さ、高度）は、栄養摂取の要求と水分補給が適切にかなえられなければ、戦闘効率を変

化させる可能性がある。
- エネルギーと水分の必要条件は一般的に、戦闘シナリオおよび模擬戦闘シナリオ中は、通常より高い。

### 16　本拠地に戻る
- 休養と回復は、精神的肉体的能力を再最適化させるために、派遣勤務から戻ったとき重視されるべきである。
- 寝心地のよいベッドと暗い部屋でひと晩ぐっすり眠ることは、派遣勤務から回復するために不可欠である。
- 野菜やフルーツ、全粒粉のような複合糖質が多い、バランスの取れた食事は、ストレス抵抗性を高める可能性がある。
- 良好な栄養摂取と規則的な運動は、ストレスにたいするすばらしい対抗手段である。
- 派遣勤務から戻ったさいのむちゃ食いや大酒は避けなさい。過度の食事やアルコールは不要な体重増加をまねき、全体の健康に有害な可能性がある。

### 17　低燃費のSOF戦士
- 体重の増減――体重減少の頻発――を最小限にするため、体重を維持するようつとめなさい。
- 関節炎の痛みは、健康的な食品と抗炎症化合物を多くふくむ食品を選ぶことで緩和できる。
- 非ステロイド性抗炎症薬は、ごく限定的に使用すべきである。
- サプリメントではなく食品が、おもな栄養摂取源であるべきだ。食品は必須栄養素を摂取する最良でいちばん安価な手段である。
- 高血圧や冠状動脈心臓病、糖尿病、癌を発症する危険は、年齢とともに高まる。正しい種類の食品を食べることで、こうした慢性疾患に関連がある危険因子を限定できる。

## 18　長期戦士のために健康を維持する

- さまざまな食品を食べることは、健康な生活の唯一の鍵である。
- 地中海式ダイエットは、健康的な長寿をもたらすことがわかっている。
- 健康的な骨は、じゅうぶんなカルシウム摂取と定期的な身体活動を必要とする。
- 重要な保護化合物である植物栄養素をふくむ、いろとりどりのさまざまな本物の食品を食べることは、一生の健康を促進する。
- いつでも可能なときには、1日につき、すくなくとも、いろとりどりの野菜3～5人前、フルーツ2人前以上、全粒粉製品6人前以上を消費すべきである。
- プロバイオティクスをふくむ製品（ヨーグルト、ケフィア、ザワークラウト）は、健康な消化管を維持するために役立つかもしれない。
- 酸性食品ではなくアルカリ性食品は、高ストレスの時期には重要である。

完全なガイドは、www.sealswcc.com/PDF/special-operations-nutrition-guide.pdf にある。

# 海軍特殊戦
# 体力訓練ガイド

　海軍特殊戦体力訓練ガイドは、体力ふるい分けテスト（PST）を受けてパスし、基礎水中処分/SEAL（BUD/S）で成功をおさめるために身体能力を高めたい人間すべての力になることを目的としている。

　このガイドは、BUD/Sの厳しさに正しくそなえるために要求される種類の訓練についての情報を提供し、平均的な身体能力の人間が訓練にそなえ、けがを避けるのにきっと役立つ、調整可能な26週間の訓練プランを提供する。

　きみの心血管運動の大半は、ランニングと水泳に集中すべきで、きみの筋力トレーニングおよび自重トレーニングは、最大限の懸垂と腕立て伏せと腹筋運動に必要な筋力と持久力をつけるために行なうべきである。これらはBUD/Sの成功には必要だからだ。サイクリングや漕艇、ハイキングのようなクロス・トレーニングは、けがのリハビリを行ない、基礎訓練に変化をもたらし、不足を補うのに

---

全体的な訓練のガイドライン
　　　きみのトレーニングは以下のようでなければならない。
- 計画的で、系統だっている。
- 段階的で、規則正しく、継続的である。
- 一貫性がある。
- 特定の目的がある。
- バランスが取れている。

> 1週間のトレーニングの概要
>
> ●ランニングと水泳両方のロング・スロー・ディスタンス・トレーニング1回
> ●ランニングと水泳両方の連続高強度トレーニング1回
> ●ランニングと水泳両方のインターバル・トレーニング1回
> ●自重トレーニング・ルーティン4〜5回
> ●筋力トレーニング・セッション4〜6回——上半身と下半身それぞれ2〜3回
> ●体幹トレーニング・ルーティン4〜5回
> ●毎日の柔軟運動ルーティン
> ●必要に応じて特定のけが予防運動

役立つ。

　きみのもっとも弱い部分を強化するために努力しなさい。もしきみが走るのはすばらしくても、泳ぐのは苦手なら、自分が得意だからといって走ってばかりいてはいけない。自分の安全地帯から出て、水のなかでじゅうぶん時間を使い、泳ぐのもすばらしくなりなさい。

## トレーニング

### ロング・スロー・ディスタンス（LSD）

　LSDの強度は低いか中程度で、自分のペースを比較的楽に、ゆったりと感じられなければならない。これらのトレーニングは持久力をつけ、より強度の高いセッションのあいだの相対的回復をもたらす。適切な強度を決めるには、〈会話テスト〉を利用しなさい。きみはトレーニングをしながら、短い文章あるいはフレーズを快適に話せなければならない。もし話せなければ頑張りすぎだし、つづけて話せれば頑張りが足りない。LSDトレーニングでは、強度より持続時間に重点を置きなさい。もしきみが群を抜いて体力があるの

なら、1セッションで 40 〜 90 分の連続運動を行なってもよい。BUD/S にそなえるための実践目標は、5 〜 6 マイル快適に走れるか、止まらずに 1 〜 1.25 マイル泳げるまで鍛えることだ。

### 連続高強度（CHI）

　このセッションは通常、最大ペースの 90 〜 95 パーセントのペースで止まらずに 15 〜 20 分間運動することを必要とする。トレーニングはひじょうにきつくなければならないが、完全に体力を消耗してはならない。10 を可能な最高の努力とした 1 〜 10 の段階では、トレーニングは 8 〜 9 のように感じなければならない。もしきみが低い身体能力レベルにあるなら、15 〜 20 分間の反復 1 回でじゅうぶんだ。身体能力が向上したら、2 〜 3 回の反復が必要かもしれない。2 回以上の反復を行なった場合は、最大ペースの 90 〜 95 パーセントの望ましい強度を維持できるように、反復のあいだにじゅうぶんな回復時間をとりなさい。適性な回復時間は、運動時間のだいたい半分である。この時間は低い強度で運動をつづけなさい——遅いジョギング、早歩き、あるいはゆったりとした泳ぎで。完全に止まってはいけない。

### インターバル・トレーニング（INT）

　このセッションは、短く激しい運動インターバルを回復時間と交互に行なう。構成は、1/4 マイル・インターバルを走る、あるいは 100 ヤード・インターバルを泳ぎ、運動インターバルを行なうのに要した時間の 2 〜 2 1/2 倍の時間を回復にあてるというものだ。強度あるいはペースは、もっとも最近の 1.5 マイル走あるいは 500 ヤード水泳のペースよりわずかに速くなければならない。ランニングでは、1/4 マイル・インターバルのペースは最初、基本ペースより約 4 秒速くなければならないし、水泳では、100 ヤード・インターバルのペースは最初、基本より 2 秒速くなければならない。たとえば最近、1.5 マイル走を 10：30 で終えたら——1/4 マイルの基本ペースは 1:45——インターバル・トレーニングのペースは、約 1:41 であるべきだ。500 ヤード水泳を 10：30

で終えたら——100ヤードの基本ペースは2:06——インターバルは、約2:04であるべきだ。

　セッションあたり4回のインターバルでインターバル・トレーニングをはじめ、10回のインターバルを終える方向へじょじょにきたえていきなさい。インターバル・セッションでは10回以上のインターバルを走ったり泳いだりしてはならない。所定のタイムで10回のインターバルを終えることができたら、じょじょに毎週少しだけ速くインターバルを行なうよう努力しなさい。一貫性に取り組み、いちばん速いインターバルといちばん遅いインターバルとのあいだのばらつきを少なくするよう努力して、トレーニングの最後でいちばん速くなるようにペースを配分しなさい。4週間か5週間ごとに、より短く、より頻繁なインターバルを使って強度を上げることは、役に立つかもしれない。たとえば、16～20回×220

| ランニング ||| 水泳 |||
|---|---|---|---|---|---|
| きみの現在のペースが | きみのトレーニングは ||  きみの現在のペースが | きみのトレーニングは ||
| ^ | 1/4マイル反復時間 | 回復時間 | ^ | 100ヤード反復時間 | 回復時間 |
| 8:00-8:30 | 1:16-1:21 | 2:32-3:23 | 8:00-8:30 | 1:34-1:40 | 3:08-4:10 |
| 8:30-9:00 | 1:21-1:26 | 2:42-3:35 | 8:30-9:00 | 1:40-1:46 | 3:20-4:25 |
| 9:00-9:30 | 1:26-1:31 | 2:52-3:48 | 9:00-9:30 | 1:46-1:52 | 3:32-4:40 |
| 9:30-10:00 | 1:31-1:36 | 3:02-4:00 | 9:30-10:00 | 1:52-1:58 | 3:44-4:55 |
| 10:00-10:30 | 1:36-1:41 | 3:12-4:13 | 10:00-10:30 | 1:58-2:04 | 3:56-5:10 |
| 10:30-11:00 | 1:41-1:46 | 3:22-4:25 | 10:30-11:00 | 2:04-2:10 | 4:08-5:25 |
| 11:00-11:30 | 1:46-1:51 | 3:32-4:38 | 11:00-11:30 | 2:10-2:16 | 4:20-5:40 |
| 11:30-12:00 | 1:51-1:56 | 3:42-4:50 | 11:30-12:00 | 2:16-2:22 | 4:32-5:55 |
| 12:00-12:30 | 1:56-2:01 | 3:52-5:03 | 12:00-12:30 | 2:22-2:28 | 4:44-6:10 |
| 12:30-13:00 | 2:01-2:06 | 4:02-5:15 | 12:30-13:00 | 2:28-2:34 | 4:56-6:25 |
| 13:00-13:30 | 2:06-2:11 | 4:12-5:28 | 13:00-13:30 | 2:34-2:40 | 5:08-6:40 |
| 13:30-14:00 | 2:11-2:16 | 4:22-5:40 | 13:30-14:00 | 2:40-2:46 | 5:20-6:55 |
| 14:00-14:30 | 2:16-2:21 | 4:32-5:53 | 14:00-14:30 | 2:46-2:52 | 5:32-7:10 |
| 14:30-15:00 | 2:21-2:26 | 4:42-6:05 | 14:30-15:00 | 2:52-2:58 | 5:44-7:25 |
| 15:00-15:30 | 2:26-2:31 | 4:52-6:18 | 15:00-15:30 | 2:58-3:04 | 5:56-7:40 |
| 15:30-16:00 | 2:31-2:36 | 5:02-6:30 | 15:30-16:00 | 3:04-3:10 | 6:08-7:55 |

表1　インターバルのペース

表1は、インターバル・トレーニングの適切なペースと回復時間をしめす（分：秒）。

ヤード・ランニング・インターバルあるいは 16 〜 20 回 × 50 ヤード水泳インターバルのように。

　回復時間をじゅうぶんに取り、時間を使いすぎたりむだにしたりせずに、正しい運動強度を維持しなさい。より速く完全な回復を促進するために、インターバルのあいだの時間の一部に、早歩きや、ゆったりとした泳ぎ、遅いジョギングのような動的回復法を利用しなさい。

**自重トレーニング**

　BUD/S 中と PST のために、きみは数多くの腕立て伏せと腹筋運動と懸垂を行なうことをもとめられるだろう。きみはとくにこうした運動にそなえなければならない。正しいやり方を使って、週に腕立て伏せと腹筋運動と懸垂のセットを 4 〜 5 回、セット間に 1 〜 2 分休みながらやりなさい。PST はこの運動をできるだけ速く行なうことをもとめるが、きみはトレーニング運動の大半ではゆっくりとおちついてやるべきだ。負つまり下向きの部分は、正つまり上向きの部分のすくなくとも倍の時間をかけるべきだ。だいたい週に 1 回、最大セット（連続反復の最大数）を行なって、自分の上達ぶりを見きわめなさい。

　以下は PST 中に行なわなければならない各運動の説明である。トレーニング中はときどき、変化をつけるためと身体能力のさらなる適応のために、べつのバージョンを行なってもいい。

**腕立て伏せ**
- 直立あるいは前かがみのスタート姿勢ではじめ、両足をくっつけ、手のひらを両肩の真下か肩幅より少し開いて床につける。
- 背中と臀部と脚は常時、頭から足のつま先まで直線をたもたねばならない。手のひらと足のつま先は床にずっと床につけておく。
- 腕が直角になるまで肘を曲げて、体全体を下げ、それから肘をのばして、腕がまっすぐになるまで体全体を上げて、スタート姿勢に戻る。

**バリエーション**

　腕立て伏せのバリエーションはいずれも慎重に利用すること。両手を肩の真下以外の場所に置くことは、肘に痛みをともなう負担をあたえるかもしれないからだ。
- ワイド、ナロー（三頭筋）、ダイブボマーをふくめる
- 片足を床から離す
- 両足を手よりわずかに高い台などに載せる。

**腹筋運動**
- 膝を曲げ、踵を臀部から約10インチ離して、床に寝そべった姿勢ではじめる。
- 腕は胸の前で曲げ、手が胸上部か肩に触れなければならない。足は希望するなら固定してもよい。
- 体を丸め、両肘を膝のすぐ下の腿に触れる。このとき手は胸あるいは肩に触れたままにする。
- 両肘が腿に触れたら、肩甲骨が床に触れるまで後ろにもたれる。

**バリエーション**
- 指を首筋に軽く置き（首を引き寄せてはならない）、胴体を丸めて、回転させ、右肘が左膝につくようにする。胴体を床に下ろし、左肘を右膝まで上げる。右から左へ交互に交代してつづける。
- 両肩を床につけ、両膝を曲げたまま、それぞれの膝を反対側の肘まで交互に引き寄せる。それぞれの脚を戻して、もう一方の膝を引き寄せるあいだ、片足はしっかり床につけるようにする。
- 両腕を胸の前にまわすか、指を首筋に置いて、両膝を曲げたまま、膝を肩のほうへ引きつけ、脚と臀部を床から持ち上げる。腹筋が完全に収縮したら、足が床に触れるまで臀部と脚を下ろす。

注意：あらゆる腹筋運動では、腰椎に負担がかかるのを避けるために、骨盤をニュートラルな位置にたもち、腰部を床に押しつけたままにしなさい。

**懸垂**
- 腕と肩を完全にのばし、手のひらを肩幅と同じだけ離して回内させ（順手、自分から見て外側に向ける）、鉄棒にだらりとぶら下がった姿勢からはじめる。
- 顎が鉄棒のてっぺんと同じ高さか上に出るまで体を引き上げる。
- 脚は交差しても交差しなくても好きなようにしていいが、体を後ろにそらして反動をつけたり、前後に動かしたりするのは許されない。
- 腕と肩が完全にのびきるまで、体を制御されたやりかたで下ろす。

**バリエーション**
- 握りを狭く、あるいは広くする。
- 二頭筋をより完全に分離（アイソレート）するために、手のひらを体のほうに向けて回外させた握り（逆手）。
- 両手をくっつけ、鉄棒の左右側から、手のひらをそれぞれ反対方向に向けてぶら下がり、右と左の肩を交互に鉄棒に引き上げる（マウンテンクライマーあるいはコマンドー・プルアップとも呼ばれる）。

| 腕立て伏せ&腹筋運動 ||||  懸垂 ||||
|---|---|---|---|---|---|---|---|
| きみの現在の最大が | きみのトレーニングは ||| きみの現在の最大が | きみのトレーニングは |||
|  | セット | 反復 | 合計 |  | セット | 反復 | 合計 |
| 40 以下 | 5-6 | 10-15 | 50-90 | 6 以下 | 5-6 | 2-3 | 10-18 |
| 40-60 | 4-5 | 15-20 | 60-100 | 6-9 | 4-5 | 4-5 | 16-25 |
| 60-80 | 4-5 | 20-25 | 80-125 | 10-12 | 4-5 | 5-6 | 20-30 |
| 80-100 | 3-4 | 30-40 | 90-160 | 13-15 | 3-4 | 8-10 | 24-40 |
| 100 以上 | 3-4 | 40-50 | 120-200 | 15 以上 | 3-4 | 10-12 | 30-48 |

**表2　腕立て伏せ、腹筋運動、懸垂の進捗**

表2は、腕立て伏せ、腹筋運動、そして懸垂の最大回数を増やすための特定の推奨トレーニングをしめす。

## 筋力トレーニング／ウエイトリフティング

　筋力はPSTの成績を向上させ、BUD/Sでの成功の可能性を高めるのに必要だ。けがをふせぐために筋力を適切に高めるのが重要である。

　フリーウエイトやマシンウエイト、ボディウエイトなど、筋力を高めるための各種のトレーニング方式や、じゅうぶんな負荷をあたえる数多くの手法がある。このトレーニングの目的のためには通常、主要な筋肉群をターゲットにしたさまざまな運動を8〜12回反復で1セット（場合によっては4〜6回反復、あるいは15〜20回反復）行ないなさい。

　場合によっては、さらなるトレーニングの刺激をあたえるために、もう1セット行なってもかまわないが、ほとんどの場合、1セットだけで、筋力のかなりの増加をもたらすのにじゅうぶんである。8〜12回以上持ち上げられないウエートを使って、最大限努力し、適切な方法で1セットを行ないなさい。通常、セッションにつき8〜12回のトレーニングを行ないなさい。

　ひとつのトレーニングからつぎのトレーニングへとすばやく移動し、つぎの器具に適切なウエイトをセットするのにかかる時間しか休んではいけない。これにより全体的な強度と心肺順応が高まる。上半身と下半身のトレーニングを分けて隔日で行なうスプリット・ルーティンをもちいなさい。

　以下は、きみが筋力プログラムに取り入れるかもしれないトレーニングのリストだ。このリストは決定的なものではないし、それぞれが手に入る器具や個人の好みをもとに自分に合わせたルーティンを作りだしてもいい。押す系（伸展）と引く系（屈曲）がふくまれるさまざまなトレーニングを交互に行ない、いくつかの主要な筋肉群をターゲットにしなさい。資格のあるコーチの監督下にないかぎり、高度のスキルを必要とするトレーニングは避けなさい。

## 上半身のトレーニング

　ラットプルダウン、ショルダー（ミリタリー）プレス、バイセプスカール、ベンチプレスあるいはインクラインプレス、シーテッ

ドロウ、デルトイドラテラルレイズ（腕を地面と平行より高く上げない）、アップライトロウ、トライセプスエクステンション、あるいはディップス。

### 下半身のトレーニング

ランジ、レッグカール、バックハイパーエクステンション、デッドリフト、レッグプレスあるいはスクワット、そしてヒールレイズ。

## 体幹トレーニング

腹部と背骨まわりの体幹の筋力と**筋持久力**を強化することは需要だ。これは全体的な体のバランスと配列を改善して、安定性を増し、けがを減らす。BUD/S の準備のために規則正しく行なわねばならない腹筋運動と腕立て伏せは、重要な体幹トレーニングだ。さらなる体幹トレーニングには、ブリッジやプランク、バードドッグがある。

### ブリッジ

- 膝を曲げて、足を臀部から約 10 インチ離し、あお向けに横たわる。
- 腕は脇につけるか、胸の前で組んで、骨盤をニュートラルの位置にたもつ。
- 臀部を床から持ち上げ、膝と臀部と肩で一直線を作る。
- 右足を床から持ち上げ、脚をのばして、脚がまっすぐになり、肩から臀部、膝、足までが直線になるようにする。
- そのあいだ、左脚の尻の筋肉とハムストリング筋を動かないように収縮させることで、体重をささえる。忘れずに骨盤をニュートラルに水平にたもつようにしなさい。ささえられていない側に骨盤を下がらせてはいけない。
- 3 〜 4 秒収縮を維持してから、両足を臀部近くのもとのスタート位置に置いて、骨盤を下ろす。
- 左足を床から持ち上げ、脚をのばしながら、おなじように右脚で体重を 3 〜 4 秒間ささえる。

◉右脚と左脚で交互につづけなさい。

**プランク**
◉脚をまっすぐにのばし、両足をくっつけて、床にうつ伏せになり、前腕を床につけて、肘を肩の真下に持ってきたら、体を床から持ち上げて、体重をつま先と前腕でささえるようにしなさい。
◉体幹筋肉を動かないように収縮させることで、体をこの姿勢で保持し、踵から肩まで一直線を維持しなさい。
バリエーション
◉それぞれの腕と脚を一度にひとつずつ順番に床から持ち上げ、それぞれの姿勢を数秒保持してから、つぎの姿勢に移る。胴体は確実に安定した状態をたもちなさい。
◉片腕と反対側の脚を同時に床から持ち上げる。

**サイドプランク**
◉横向きに寝て、肩の下で肘をつき、片方の前腕で体重をささえて、もう一方の腕は体の側面にそって置く。
◉臀部を床のほうへ下がらせてはいけない。体幹筋肉を動かないように収縮させて、背骨と脚を一直線に保持する。
バリエーション
◉体幹筋肉の収縮を維持しながら、股関節を外転させて、上側の脚を床から持ち上げる。
◉ささえる腕を完全にまっすぐにのばして、片手で体重をささえることで、体をいっそう高く床から持ち上げながら、反対側の腕を体の真上にのばす。

**バードドッグ**
◉手を肩の真下に置き、頭と首を背中と一直線にして、四つん這いの姿勢からはじめる。
◉右腕を完全にのばして床と平行になるまで上げる。同時に左脚を完全にのびるまで上げる。腕と脚と背中は同じ水平面になければならない。

- 胴体は安定した状態をたもつこと。ささえられていない側で臀部が下がってはいけない。
- 3〜4秒間その姿勢をたもち、それから上げた腕と脚をスタート位置に下ろして、反対側の腕と脚を、同様にのばした位置に上げる。

**スーパーマン**
- うつ伏せになり、脚をまっすぐのばして、両足をくっつけ、腕はまっすぐに頭の上へのばす。
- 腕と脚をまっすぐにしたまま、両手と両足を床から数インチ持ち上げ、3〜4秒維持する。
- 1〜2秒、力を抜いて、くりかえす。

バリエーション
- 腕と脚をまっすぐにしたまま、片手と反対側の足を床から数インチ持ち上げ、3〜4秒維持する。スタート位置に戻って、反対側の手と足を同時に持ち上げる。反対側の手と足を交互に持ち上げてつづけなさい。

**ワイパー**
- あお向けに寝て、脚をまっすぐのばしてそろえ、腕は体から左右いっぱいにのばす。
- 脚を地面と直角になるまでいっしょに持ち上げる（股関節が90度に曲げられる）。股関節を90度に曲げたまま、下半身と骨盤を片側に回転させて、脚が地面につくようにする。
- 脚が反対側の地面につくまで、下半身と骨盤を180度の弧を描いて回転させる。脚を180度の弧を描きながら左右に振る（フロントガラスのワイパーのように）。弧1回を1反復と計算する。
- 上背部は、腕も肩甲骨も常時、地面に触れていること。

注意：効果的な体幹トレーニングでは、筋力を増すことと同じぐらい、あまり使っていない筋肉を活性化する方法を学ぶことが重要だ。きみは各セッションで腹横筋を活性化しなければならない。き

みは咳をするときこの筋肉を感じることができる。体幹トレーニングでそれを活性化するひとつの方法は、体幹トレーニングを行なう前に咳をして、この筋肉がトレーニング中に収縮していることをたしかに感じられるようにすることだ。

| トレーニング | 週 ||||| 
|---|---|---|---|---|---|
| | 1-6 | 7-11 | 12-16 | 17-21 | 22-26 |
| ブリッジ | 2x20 反復<br>(左右交互に) | 2x25 反復<br>(左右交互に) | 3x20 反復<br>(左右交互に) | 3x25 反復<br>(左右交互に) | 3x30 反復<br>(左右交互に) |
| プランク | 2x30 秒 | 2x45 秒 | 3x40 秒 | 3x50 秒 | 3x60 秒 |
| サイドプランク<br>(それぞれの側で) | 2x30 秒 | 2x40 秒 | 2x45 秒 | 2x50 秒 | 2x60 秒 |
| バードドッグ | 2x20 反復<br>(左右交互に) | 2x25 反復<br>(左右交互に) | 3x20 反復<br>(左右交互に) | 3x25 反復<br>(左右交互に) | 3x30 反復<br>(左右交互に) |
| スーパーマン | 2x10 反復 | 3x8 反復 | 2x12 反復 | 3x10 反復 | 3x12 反復 |
| ワイパー | 2x20 反復 | 2x25 反復 | 3x20 反復 | 3x25 反復 | 3x30 反復 |

表3は、トレーニングの組み立ての一例である。期間ごとに記載されているセットと反復数を完了できるように努力しなさい。

## 柔軟運動

　柔軟運動の必要性は、活動内容や個人によってさまざまだが、きみはストレッチに時間を割いて、柔軟性を維持し、高めなければならない。ランニングと水泳のトレーニングのあと、筋肉と結合組織の温度がまだ上昇しているあいだに、ストレッチ運動を行ないなさい。

## 26週間トレーニング・プログラム

表4は、このガイドにあるトレーニング全部を26週間のトレーニング・プログラムにどうやって組みこむかをしめしている。26週間にわたる、この有酸素運動と筋力増強運動、そしてランニング

| 週 | 月曜日 |   | 火曜日 |   | 水曜日 |   | 木曜日 |   | 金曜日 |   | 土曜日 |   |
|---|---|---|---|---|---|---|---|---|---|---|---|---|
|   | 有酸素 | 筋力 | 有酸素 | 筋力 | 有酸素 | 筋力 | 有酸素 | 筋力 | 有酸素 | 筋力 | 有酸素 | 筋力 |
|   | LSD走(マイル) | 上半身/体幹 | CHI水泳(分) | 下半身/腕立て・腹筋・懸垂 | INT走(反復) | 体幹/腕立て・腹筋・懸垂 | LSD水泳(ヤード) | 体幹/腕立て・腹筋・懸垂 | CHI走(分) | 上半身/体幹 | INT水泳(反復) | 下半身/腕立て・腹筋・懸垂 |
| 1 | 3 | x | 15 | x | 4 | x | 1,000 | x | 15 | x | 4 | x |
| 2 | 3.25 | x | 15 | x | 4 | x | 1,100 | x | 15 | x | 4 | x |
| 3 | 3.5 | x | 16 | x | 5 | x | 1,200 | x | 16 | x | 5 | x |
| 4 | 3.75 | x | 16 | x | 5 | x | 1,300 | x | 16 | x | 5 | x |
| 5 | 4 | x | 17 | x | 6 | x | 1,400 | x | 17 | x | 6 | x |
| 6 | 4.25 | x | 17 | x | 6 | x | 1,500 | x | 17 | x | 6 | x |
| 7 | 4.5 | x | 18 | x | 7 | x | 1,600 | x | 18 | x | 7 | x |
| 8 | 4.75 | x | 18 | x | 7 | x | 1,700 | x | 18 | x | 7 | x |
| 9 | 5 | x | 19 | x | 8 | x | 1,800 | x | 19 | x | 8 | x |
| 10 | 5.25 | x | 19 | x | 8 | x | 1,900 | x | 19 | x | 8 | x |
| 11 | 5.5 | x | 20 | x | 9 | x | 2,000 | x | 20 | x | 9 | x |
| 12 | 5.75 | x | 20 | x | 9 | x | 2,100 | x | 20 | x | 9 | x |
| 13 | 6 | x | 2x12 | x | 10 | x | 2,200 | x | 2x12 | x | 10 | x |
| 14 | 6.25 | x | 2x12 | x | 10 | x | 2,300 | x | 2x12 | x | 10 | x |
| 15 | 6.5 | x | 2x12 | x | 10 | x | 2,400 | x | 2x12 | x | 10 | x |
| 16 | 6.75 | x | 2x14 | x | 10 | x | 2,500 | x | 2x14 | x | 10 | x |
| 17 | 7 | x | 2x14 | x | 10 | x | 2,600 | x | 2x14 | x | 10 | x |
| 18 | 7.25 | x | 2x14 | x | 10 | x | 2,700 | x | 2x14 | x | 10 | x |
| 19 | 7.5 | x | 2x16 | x | 10 | x | 2,800 | x | 2x16 | x | 10 | x |
| 20 | 7.75 | x | 2x16 | x | 10 | x | 2,900 | x | 2x16 | x | 10 | x |
| 21 | 8 | x | 2x16 | x | 10 | x | 3,000 | x | 2x16 | x | 10 | x |
| 22 | 8.25 | x | 2x18 | x | 10 | x | 3,100 | x | 2x18 | x | 10 | x |
| 23 | 8.5 | x | 2x18 | x | 10 | x | 3,200 | x | 2x18 | x | 10 | x |
| 24 | 8.75 | x | 2x18 | x | 10 | x | 3,300 | x | 2x18 | x | 10 | x |
| 25 | 9 | x | 2x20 | x | 10 | x | 3,400 | x | 2x20 | x | 10 | x |
| 26 | 9.25 | x | 2x20 | x | 10 | x | 3,500 | x | 2x20 | x | 10 | x |

有酸素トレーニングにつついて、ストレッチ／柔軟運動を**毎日**行ないなさい。

と水泳の距離目標は、きみが BUD/S と PST にそなえるのを助けるだろう。

### ウォームアップとクールダウン

　トレーニングのセッションが激しくなればなるほど、ウォームアップとクールダウンの時間は長くとるべきだ。LSD セッションのウォームアップは、5 ～ 10 分間、軽くジョギングしたり水を掻いたりして、トレーニングをはじめるのに心地よいレベルまで強度をじょじょに上げていくことが必要かもしれない。トレーニングがはじまると、きみはトレーニングをはじめたときより速いペースで心地よく終えられるように、強度を上げつづけるかもしれない。CHI と INT トレーニングでは、10 ～ 15 分か**それ以上**ウォームアップすべきだ。数分間の軽いジョグかストロークからじょじょに強度を上げていきなさい。つぎに 15 秒から 30 秒つづく高強度スプリントを 4 ～ 5 回つけくわえなさい。ウォームアップは心拍数を大幅に上げ、呼吸数を増し、発汗反応を活性化させるはずだ。LSD トレーニングのあとの適切なクールダウンは、2 ～ 3 分間の軽いジョギングかストローキングと、それにつづく 2 ～ 3 分間の早歩きが必要かもしれない。CHI あるいは INT のクールダウンは、呼吸が楽になって、心拍数が通常の安静時心拍数に近づくまで延長すべきだ。

## 自分のスケジュールを組み立てる

### 週間スケジュール

　表 5 は、PST と BUD/S にそなえるために、週間トレーニング・スケジュールをどう計画できるかをしめしたものだ。午前にリフティングと体幹運動、午後にランニングあるいは水泳とストレッチという午前午後のトレーニング様式がベストである。そうすることで、良好な回復と、各セッションでの質の高いトレーニングが可能になる。しかし、もし必要なら、あらゆるトレーニングを、ひとつながりの時間で行なうことも可能だ。もしひとつのセッションで複

数の運動を行なう場合は、まだフレッシュなうちに、きみのいちばん苦手な運動をやりなさい。同じ日にあまりにも多くのトレーニングあるいは運動で、体の一部を過剰にトレーニングするのは避けなさい。スケジュールでは、上半身の筋力トレーニングと水泳、あるいは下半身の筋力トレーニングとランニングを同じ日に組んでいないことに注意。

> いくらかの自重トレーニングと体幹トレーニングを筋力トレーニングとして同じ日にやることはできるが、あらゆるルーティンを同じ日にやって体力を消耗してはならない。もしきみがすでにより長い距離のLSDをやっているのなら、プログラムのあとのほうの週にはじめるか、第2のLSDセッションをくわえてもいい（表7参照）。きみはつねにプログラムのCHIとINT部分を第1週にはじめるべきだ。

|  | 月曜日 | 火曜日 | 水曜日 | 木曜日 | 金曜日 | 土曜日 |
|---|---|---|---|---|---|---|
| ランニング | LSD |  | INT |  | CHI |  |
| 水泳 |  | CHI |  | LSD |  | INT |
| リフティング | 上半身 | 下半身 |  |  | 上半身 | 下半身 |
| 自重トレ |  | X | X | X |  | X |
| 体幹 | X |  | X | X | X |  |
| 柔軟運動 | X | X | X | X | X | X |

表5　週間トレーニング・スケジュール

ウエイトリフティングと自重トレーニングと体幹トレーニングがもとめるもののあいだにはいくらか重複があるので、これらのルーティンを1日に2つより多く組み合わせてはいけない。

| 週 | LSD ランニング（マイル） | LSD 水泳（ヤード） | CHI ランニング／水泳(分) | INT ランニング／水泳（反復） |
|---|---|---|---|---|
| 0 | 1.5（時間制限あり） | 500（時間制限あり） | | |
| 1 | 3 | 1,000 | 15 | 4 |
| 2 | 3.25 | 1,100 | 15 | 4 |
| 3 | 3.5 | 1,200 | 16 | 5 |
| 4 | 3.75 | 1,300 | 16 | 5 |
| 5 | 4 | 1,400 | 17 | 6 |
| 6 | 4.25 | 1,500 | 17 | 6 |
| 7 | 4.5 | 1,600 | 18 | 7 |
| 8 | 4.75 | 1,700 | 18 | 7 |
| 9 | 5 | 1,800 | 19 | 8 |
| 10 | 5.2 | 1,900 | 19 | 8 |
| 11 | 5.5 | 2,000 | 20 | 9 |
| 12 | 5.75 | 2,100 | 20 | 9 |
| 13 | 6 | 2,200 | 2x12 | 10 |
| 14 | 6.25 | 2,300 | 2x12 | 10 |
| 15 | 6.5 | 2,400 | 2x12 | 10 |
| 16 | 6.75 | 2,500 | 2x14 | 10 |
| 17 | 7 | 2,600 | 2x14 | 10 |
| 18 | 7.25 | 2,700 | 2x14 | 10 |
| 19 | 7.5 | 2,800 | 2x16 | 10 |
| 20 | 7.75 | 2,900 | 2x16 | 10 |
| 21 | 8 | 3,000 | 2x16 | 10 |
| 22 | 8.25 | 3,100 | 2x18 | 10 |
| 23 | 8.5 | 3,200 | 2x18 | 10 |
| 24 | 8.75 | 3,300 | 2x18 | 10 |
| 25 | 9 | 3,400 | 2x20 | 10 |
| 26 | 9.25 | 3,500 | 2x20 | 10 |

**表6　トレーニングの進捗**

### 進捗

きみが PST を受けるか、BUD/S にくわわる前に、運動負荷を、安全でがまんできるレベルから、きみに手に入る時間でできる最高レベルの身体能力まで、じょじょに高めていきなさい。

表6は、26週間にわたるさまざまなトレーニング帯のなかで、運動負荷をいかに高めるかをしめしている。もしきみの身体能力が高いレベルにあるなら、3マイル走ではなく5マイル走（第9週でしめすように）のように、より高いトレーニング量からはじめることを選択してもよい。

26週を越えたら、INT あるいは CHI の距離をのばしてはならない。これらのトレーニングの設定距離で、じょじょにそして漸進的に強度を増すことに焦点を当てなさい。きみは表7でしめしたように、より長いセッションを行なったり、週あたりのセッション数を増やしたりして、LSD 運動を増やすこともできる。しかし、週に9～10マイルのランニングと週に3500～4000ヤードの水

|  | 月曜日 | 火曜日 | 水曜日 | 木曜日 | 金曜日 | 土曜日 |
|---|---|---|---|---|---|---|
| ランニング | LSD<br>8マイル |  | INT<br>10x1/4マイル | LSD<br>4マイル | CHI<br>2x20分 |  |
| 水泳 | LSD<br>1,500ヤード | CHI<br>2x20分 |  | LSD<br>3,000ヤード |  | INT<br>10x100ヤード |
| リフティング | 上半身 | 下半身 |  |  | 上半身 | 下半身 |
| 自重トレ |  | × | × | × |  | × |
| 体幹 | × |  | × | × | × |  |
| 柔軟運動 | × | × | × | × | × | × |

表7　週間トレーニング・スケジュール（LSD セッションを増やしたもの）

泳を超えると、身体能力の向上は、かけた時間にくらべて相対的に小さくなる。大量のLSD運動を行なう場合は、比較的ゆったりとしたペースをたもつように気をつけなさい。

身体能力が向上したら、ときどきハイキングやカヌーイング、ロードサイクリング、マウンテンバイクといったアクティビティのより長いセッション（2～3時間）を、心地よいが一定のペースで取

|  | 月曜日 | 火曜日 | 水曜日 | 木曜日 | 金曜日 | 土曜日 |
|---|---|---|---|---|---|---|
| ランニング |  | INT |  |  | LSD |  |
| 水泳 | LSD |  | CHI | LSD |  | INT |
| リフティング |  | 上半身 | 下半身 |  | 上半身 | 下半身 |
| 自重トレ | × |  | × | × |  | × |
| 体幹 | × | × |  | × | × |  |
| 柔軟運動 | × | × | × | × | × | × |

**表8　泳ぎが遅い者のための週間トレーニング・スケジュール**

り入れて、身体的精神的持久力を高めなさい。すでに確立された自重トレーニングや筋力トレーニング、体幹トレーニングのルーティンを利用して、筋力と持久力を漸進的に増強しつづけなさい。

### 得意なものと苦手なもの

もしきみがアンバランスな身体能力を持っていたら──ランニングか水泳のどちらかがあきらかに遅かったら──きみは遅いほうの運動を改善することにトレーニングのより多くの割合をあてなければならない。ほかの運動ではまあまあか、よい成績をおさめながら、水泳のタイムが10:35より遅く、ランニングのタイムが10:38より遅いSEAL候補生は、より遅い種目により焦点を当てるべきだ。**表8**は、泳ぎが遅い者を改善するほうに重点を置いたスケジュールの一例である。泳ぐのはうまいが走力は劣る者は、スケジュールを逆にすることになる。

> 　きみのトレーニングの記録をつけなさい。自分の上達がわかるし、指導員あるいはコーチに見せるための履歴になる。きみの成績の明確な記録は、特定の目標を立てるのに役立ち、トレーニングのモチベーションを高める可能性がある。トレーニングの記録はトレーニングのあやまちを避け、潜在的な問題をそれが深刻になる前に認識するのを容易にする。ランニングと水泳トレーニングのタイムや距離（インターバル・トレーニング時の各インターバルの個別タイムをふくむ）、自重トレーニングと体幹トレーニングの反復数、そして筋力トレーニングの詳細（トレーニング内容、セット数、反復数、そして上げたウエイト量）といった、基本的な情報を記録しなさい。きみはさらに、自分の食事や環境（気温、湿度、風）、心理状態（リラックス、不安、やる気満々、だるい）、睡眠量、しつこい痛み、そのほかトレーニングに影響するかもしれない変化する要素を記録することを選んでもよい。

www.sealswcc/pdf/naval-special-warfare-physical-training-guide.pdf で入手可能

# 海軍特殊戦 BUD/S けが防止ガイド

　防止は、運動に関連するけがで BUD/S の医療機関をおとずれるのを避けるための鍵である。けがの症候群が特定されてから防止プログラムをはじめても手遅れだ。したがって、BUD/S 志願者がきびしい訓練をけがなしで完了できるように自分を正しく準備することが不可欠である。この予防には、通常の BUD/S 志願者トレーニング・ルーティンでは取り組まれない、ストレッチと特定の筋肉の強化が必要だ。

## 上肢のけが防止

BUD/S でよくふりかかる上肢のけがは通常、肩が関係し、一貫したストレッチおよび強化プログラムで容易にふせげる。

- 斜角筋ストレッチ
- ラット（広背筋）およびプレイヤー（祈り）・ストレッチ
- ペクトラル（胸筋）・ストレッチ
- サムダウン・ショルダー・ストレッチ
- ローンモウアー（芝刈り機）・プル
- 肩のエクスターナル・ローテーション（外旋）
- 肩のインターナル・ローテーション（内旋）
- 「Y」エクササイズ
- 「T」エクササイズ
- 「W」エクササイズ

---

ストレッチ運動

- それぞれ 30 秒間ずつ保持する
- 3 回くりかえす
- 1 日に 2 回行なう

ストレッチは痛くては**ならない**

### 斜角筋ストレッチ

　志願者が頭でボートを運ぶようもとめられたとき、首の筋肉がすぐさま試練を受ける。神経損傷はしばしば首から発生し、このストレッチはこれらの筋肉に柔軟性をあたえて、神経の圧縮をふせぐ。

### ラットおよびプレイヤー・ストレッチ

　硬くなった上背の筋肉は、生徒が頭上に精いっぱい手をのばすのをじゃまする。これは丸太 PT 中、肩のけがにつながりかねない。このストレッチは、高くしたテーブルで肘をついた姿勢を取っても（左）、ひざまずいても（右）行なえる。このストレッチは脇の下の外側と背中にかけて感じられなければならない。

### ペクトラル・ストレッチ

　大量の腕立て伏せのせいで、胸筋は強く硬くなり、肩関節の可動域を制限し、関節を損傷しやすくする。このストレッチは両肩をストレッチできるように、隅で行なわねばならない。ストレッチは胸で感じられねばならないし、腕はストレッチが感じられる場所を変えるために上下に動かせる。

### サムダウン・ショルダー・ストレッチ

　ゴムバンドあるいはケーブルマシンで運動を行ないなさい。腕は、親指を下に向け、体の中心線から45度の角度に向けなければならない。腕を肩の高さまで上げなさい。この運動は肩の上部のよく損傷する筋肉を強化するもので、痛くてはならない。

### ローンモウアー・プル（中背部）

　ゴムバンドあるいはダンベルで運動を行ないなさい。1度に片腕ずつ、そしてバランスのため足はたがいちがいにする。背筋をのばして前かがみになり、漕ぐ動作でウエイトを自分の脇のほうへ引き寄せる。全可動域を確実に使って、肩甲骨は背中の中心に向かって動かねばならない。

### 肩のエクスターナル・ローテーション

　ゴムバンドあるいはケーブルマシンでこの運動を行ないなさい。肘を脇にしっかりとつけ、手は体を横切ってハンドルをつかんだ姿勢ではじめなさい。肘を脇につけたまま、ケーブルを体から引き離す。肘と脇のあいだにはさむために、巻いたタオルを使いなさい。この運動を行なっているあいだにタオルが落ちたら、きみの肘は脇から離れつつあり、きみはこの運動を正しく行っていないことになる。

## 肩のインターナル・ローテーション

　ゴムバンドあるいはケーブルマシンでこの運動を行ないなさい。腕を体から離し、肘を脇にしっかりつけた姿勢ではじめなさい。ウエイトを体のほうへ引っぱり、手が真正面に来たら止める。運動中、肘は脇につけたままにしなさい。この運動も前と同様に、必要なら脇にはさんだタオルを使いなさい。

## 「Y」エクササイズ

　この運動はテーブルあるいはエクササイズ・ボールの上に横になりながら、うつ伏せで行なわねばならない。腕を体の下にY字型に下げた姿勢ではじめ、Y字型をたもったまま腕を上げた姿勢で終えなさい。肘はまっすぐなままで、親指は上に向けなければならない。この運動は僧帽筋下部、すなわち背中の中央で感じられなければならない。

www.sealswcc.com/PDF/naval-special-warfare-injury-prevention-guide.pdf で入手可能

HOW TO BECOME A NAVY SEAL
Everything You Need to Know to Become a Member of the US Navy's Elite Force
by Don Mann
Copyright © 2014 by Skyhorse Publishing, inc.
Japanese translation rights arranged with Skyhorse Publishing Inc., New York,
through Tuttle-Mori Agency, Inc., Tokyo

## ヴィジュアルで見る　アメリカ海軍特殊部隊
# ネイビー・シールズ入隊マニュアル
### 資格からトレーニングまで

●

2024 年 10 月 4 日　第 1 刷

著者…………ドン・マン

訳者…………村上和久

装幀…………コバヤシタケシ

発行者…………成瀬雅人

発行所…………株式会社原書房

〒 160-0022 東京都新宿区新宿 1-25-13
電話・代表 03（3354）0685
http://www.harashobo.co.jp
振替 00150-6-151594

印刷・製本…………シナノ印刷株式会社

©MURAKAMI Kazuhisa, 2024
ISBN978-4-562-07460-0, Printed in Japan